高等院校信息安全专业规划教材

U0128809

信息内容安全管理及应用

李建华　主编

李　翔　李生红　刘功申　马颖华　等编著

机械工业出版社

本书从信息处理的基本理论开始讲解，通过几个具有代表性的信息内容安全应用实例，系统地介绍信息内容安全在目前的发展和现实水平。本书共9章，主要内容包括互联网信息内容获取、文本特征的抽取、音频和视频特征抽取、信息处理模型和方法、分类算法、信息过滤、数字水印和舆情系统等。

本书可作为高等院校信息安全相关专业信息内容安全课程的教材，也可作为从事信息内容安全工作的科技人员、工程技术人员以及其他相关部门人员的参考资料。

图书在版编目（CIP）数据

信息内容安全管理及应用 / 李建华主编．—北京：机械工业出版社，2010.5
（高等院校信息安全专业规划教材）
ISBN 978-7-111-29954-7

Ⅰ．①信…　Ⅱ．①李…　Ⅲ．①信息系统－安全管理－高等学校－教材
Ⅳ．①TP309

中国版本图书馆 CIP 数据核字（2010）第 036147 号

机械工业出版社（北京市百万庄大街22号　邮政编码100037）
责任编辑：唐德凯
责任印制：杨　曦
北京四季青印刷厂印刷（三河市杨庄镇环伟装订厂装订）
2010 年 7 月第 1 版·第 1 次印刷
184mm×260mm·10.75 印张·264 千字
0001—3000 册
标准书号：ISBN 978-7-111-29954-7
定价：22.00 元

出版说明

　　信息技术的发展和推广,为人类开辟了一个新的生活空间,它正对世界范围内的经济、政治、科教及社会发展各方面产生重大的影响。如何建设安全的网络空间,已成为一个迫切需要人们研究、解决的问题。目前,与此相关的新技术、新方法不断涌现,社会也更加需要这类专门人才。为了适应对信息安全人才的需求,我国许多高等院校已相继开设了信息安全专业。为了配合相关的教材建设,机械工业出版社邀请了解放军信息工程大学、解放军理工大学通信工程学院、上海交通大学、西安电子科技大学、湖南大学、南京邮电学院等高校的专家和学者,成立了教材编委会,共同策划了这套面向高校信息安全专业的教材。

　　本套教材的特色:

　　1)作者队伍强。本套教材的作者都是全国各院校从事一线教学的知名教师和学术带头人,具有很高的知名度和权威性,保证了本套教材的水平和质量。

　　2)系列性强。整套教材根据信息安全专业的课程设置规划,内容尽量涉及该领域的方方面面。

　　3)系统性强。能够满足专业教学需要,内容涵盖该课程的知识体系。

　　4)注重理论性和实践性。按照教材的编写模式编写,在注重理论教学的同时注意理论与实践的结合,使学生能在更大范围内、更高层面上掌握技术,学以致用。

　　5)内容新。能反映出信息安全领域的最新技术和发展方向。

　　本套教材可作为信息安全、计算机等专业的教学用书,同时也可以供从事信息安全工作的科技人员以及相关专业的研究生参考。

机械工业出版社

前　言

近年来发生了很多安全事件，例如美国 9·11 事件、伦敦公交系统连环爆炸案、巴厘岛恐怖袭击、印度孟买恐怖袭击等。灾难的发生促使大众开始重新审视社会各个方面的安全性和可靠性。在这种环境下，计算机被认为是解决此类安全问题的一个有力工具，例如，它被广泛用来收集和分析情报。美国政府在 9·11 事件后，建立了全球联网的指纹系统及日趋严格的出入境管理体系，以期建筑严密的恐怖袭击防控网络，尽管由于对恐怖活动的规律性还缺乏清晰的认识，这些网络暂时还未发挥出预警和防范恐怖袭击事件的作用。

就计算机本身而言，无论从硬件到软件，还是从操作系统到数据管理系统，都存在严重的安全问题。网络所带来的计算机安全问题则更为严重。网络互连在方便信息传送的同时，也给连网计算机所保护的信息带来了威胁。除了基于网络和软硬件的安全问题以外，近几年来，互联网还暴露了其他的一些安全隐患，尤其是一些对于整个社会都起到负面影响的安全问题。

最为引人注目的是，自 2005 以来爆发的多起"人肉搜索"等网络暴力事件，把互联网中内容安全问题暴露在公众眼前。事实上，网络"暴力"由来已久，互联网上公开的信息及越来越强大的搜索功能，使原本隐在角落的信息被"曝光"到大众视野内，一些本不构成隐私的信息在互联网上任意传播，并在引发网络上的语言暴力后，造成了严重的后果。

还有数字信息的知识产权问题。由于数字信息复制及网络传播非常便利，造成信息自身具有的知识产权被有意或无意地侵犯。尽管在欧洲发生了几起因有意或无意的共享了具有知识产权歌曲而引发的多起诉讼和巨额的罚金，但法律毕竟是版权侵权的最后防范手段。目前，已经出现了在组织内部（局域网范围内）防范信息泄露的技术手段，尽管在整个互联网领域此类技术还很缺乏，但我们有理由相信计算机技术将能够起到更为重要的作用。

以上是一些计算机安全中的新型问题，大多是公共或私有信息的内容所带来的风险。这些风险中，有些是商业风险，有些是个人或者组织的危机，有些是社会的安全风险。相比于传统的信息安全问题，例如通信安全、计算机安全等与计算机网络和软硬件设备关系紧密的安全问题不同，对此类风险的评估及加强安全的防护是新的一类信息安全问题，我们把它称为"信息内容安全"，或称为"内容安全"。本书是对此类问题的分析及相关技术的总结和介绍。

本书目标

本书有三大目标：

第一个目标是强调信息内容安全与计算机安全和目前被广泛使用的信息安全等概念是不同的领域。现有大部分的计算机安全技术是通过密码学、存取控制等手段保护数据的保密性与完整性。但在互联网环境下的信息内容安全是出现在信息公开的前提和开放的环境下，由信息的内容所引发的系列风险。所以对此类安全问题需要采用与其他的安全问题不同的解决思路。对信息内容安全领域安全问题的总结和思考是本书最重要的目标。

第二个目标是要探讨信息自身的特点和特征。随着计算机技术的发展，目前信息的格式多种多样，尤其以多媒体信息在信息中所占的比例日益增多。信息可以大体分为文本信息、视频信息、音频信息、图像信息、数字信息等多种类型，对于各类信息的处理方法也根据其内容的差异而有很大的不同。要了解信息内容安全技术，首先需要熟悉各类信息格式、特点、特征及其处理技术。

第三个目标是总结现阶段信息内容安全技术及其在各个领域中的应用。信息内容安全作为一个全新的安全课题，暂时还没有非常系统和完整的理论体系。另外，由于信息内容安全和其他计算机安全研究领域的存在目的及存在环境的不同，而无法直接借用以前的计算机安全体系或者策略等成果。因此，只能从现有的信息内容安全的实用系统出发，了解这些系统的原理和作用，希望以点概面地介绍目前阶段信息内容安全领域的进展。

本书结构

信息安全是一个得到当今社会越来越多重视并得到不断发展的学科。其中，信息内容安全在近几年起步，并日益受到越来越多领域的重视。

本书可分为三大部分，第 1 章即第一部分，介绍信息内容安全的基本概念；第二部分包括第 2~6 章，介绍信息处理的各项基础技术；第三部分包括第 7~9 章，针对当前较为典型，且应用较为广泛的几种信息内容安全应用领域进行详细的介绍。

本书体现了信息安全类专业课程改革和实践的方向。本课程建议授课学时为 36 小时。作为教材之用，每章后附有习题，有助于对知识的巩固。

感谢教育部高等学校信息安全类专业教学指导委员会信息安全类专业课程教学改革与实践课题组在本书编写过程中所给予的大力支持。

参加本书编写的有孙强、张文军、李翔、马颖华、苏贵洋、王士林、孙锬锋、刘功申、李生红。其中，第 1 章由孙强和马颖华编写；第 2 章由林祥和于朝阳编写；第 3 章由孙强编写；第 4 章由张文军编写；第 5 章由王士林编写；第 6 章由苏贵洋、王士林等共同编写；第 7 章由苏贵洋编写；第 8 章由孙锬锋编写；第 9 章由李翔编写。

由于时间仓促，书中难免存在疏漏或不妥之处，请读者予以指正。

编　者

目　　录

第1章 绪 论

本章主要是从信息内容安全的产生、发展背景、应用环境、研究现状及其意义等角度对信息内容安全的某一个方面进行介绍。本章是学习本书后续内容的必要准备。

1.1 信息内容安全概述

互联网起源于20世纪60年代末70年代初。近几十年来，互联网的迅速发展，不仅促进了全世界范围内信息的有效传播与流通，而且对科学研究、工商行业的发展，乃至人们的日常生活方式都带来了深远影响。自上世纪90年代开始，我国的互联网行业也经历了从无到有、从小到大的跨越式发展历程。根据第18次中国互连网络发展状况统计报告，到2006年6月，我国网民总数已超过1亿人，联网计算机总数超过5000万台。不久的将来，我国将成为世界上最大的互联网用户群体。

在信息化已成为世界发展趋势的背景下，互联网有着应用极为广泛、发展规模最大、非常贴近于人们生活等众多特点。一方面，互联网创造出了巨大的经济效益和社会效益，如新兴的网络公司在互联网上建立业务并迅速发展，传统行业也纷纷将自身的业务和网络应用结合起来，它已经成为人们获取信息、互相交流、协同工作的重要途径；另一方面，互联网也带来了一些负面影响，如色情、反动等不良信息在网络上大量传播，垃圾电子邮件等不正当行为的泛滥，利用网络传播电影、音乐、软件等的侵犯版权行为，甚至通过网络方式欺诈网络用户，以及出现网络暴力和网络恐怖主义活动等问题，这些行为完全背离了互联网设计的初衷，也不符合广大网络用户的意愿。因此，在建设信息化社会的过程中，提高信息安全保障水平及对互联网中各种不良信息的监测能力，是国家信息技术水平中的重要一环，也是顺利建设信息化社会的坚实基础。

互联网上各种不良信息的流传和不规范行为的产生，其原因可归结为两类：一类是由于在互联网爆炸性发展过程中相关方面的规范和管理措施未能同步发展。在互联网发展的初期阶段，用户数目很少，且多数用户是从事学术研究的工作人员，网络也没有涉及商业领域的应用，所以网络安全问题并不突出。如今，这种局势已经发生了巨大变化，一些原有网络模式不再适应现在的发展需求。另一类是由于互联网作为一个新生事物，为人们提供了便利地获取与发布信息的新途径，营造出前所未有的思想碰撞场所，相对于传统媒体，互联网中更容易出现一些另类、新奇、不易理解或不符合规范的行为。但互联网将整个世界变成了"地球村"，使持有各种思想、观点的人聚集在一起，这也是一个长期存在的客观现实。面对这种挑战，人们不应"因噎废食"——因为互联网上存在的一些不良现象，而变得畏惧或排斥新技术、新事物；应当通过法律与技术等多方面的措施来抵制与消除不良现象，让互联网更好地为人民服务，发挥更大的效用，从而使人人都能更高效、更自由地使用互联网进行信息沟通。

信息内容安全（Content-based Information Security）作为对上述问题的解决方案，它是研究如何利用计算机从包含海量信息且迅速变化的网络中，对与特定安全主题相关信息进行自动获取、识别和分析的技术。根据所处的网络环境，它也被称为网络内容安全（Content-based Network Security）。信息内容安全是管理信息传播的重要手段，属于网络安全系统的核心理论与关键组成部分，对提高网络使用效率、净化网络空间、保障社会稳定具有重大意义。

信息化是当今世界发展的大趋势，是推动社会进步的重要力量。大力推进信息化，是覆盖我国现代化建设全局的战略举措，也是贯彻落实科学发展观、全面建设小康社会和建设创新型国家的迫切需要和必然选择。信息内容安全作为网络安全中智能信息处理的核心技术，为先进网络文化建设和社会主义先进文化的网络传播，提供了技术支撑，它属于国家信息安全保障体系的重要组成部分。因此，信息内容安全研究不仅具有重要的学术意义，也具有重要的社会意义。

1.2　信息内容安全威胁

从要解决的主要问题及其解决方案来看，和计算机安全一样，信息内容安全主要建立在保密性、完整性和可用性之上。由于安全问题所处的环境不同，对其解释也会有很大不同，本书主要从互联网角度来分析信息内容安全方面的几个大问题。

在分析信息内容安全的问题前，首先要搞清楚对安全的威胁来自何方。传统计算机安全面临的威胁有泄露（指对信息的非授权访问）、欺骗、破环和篡改。但在互联网信息共享环境中，人们同样发现信息内容安全所面临的威胁也有泄露、欺骗、破环和篡改。

在局域网连上互联网时，局域网内的敏感信息有可能泄露到互联网中。例如，由于局域网上的信息可能会保存在不同的系统中，造成无法进行或不可能实现可控的安全管理。这种安全管理上的缺失，造成了互联网信息内容的安全面临着各方面的威胁。下面对这些威胁进行详细描述。

1）互联网中有大量公开的信息，如某人的姓名、工作单位、住宅地址、电话号码等。由于这些公开信息的获取途径简单、成本非常低，在某些情况下，会被整合并可能被滥用，例如某些公司会将这些数据作为商业信息出售，还有些不法集团会利用这些信息进行诈骗。所以互联网上的信息泄露，还指将特定信息向特定相关人或组织进行传播，以妨碍特定相关人或组织的正常生活或运行。

2）互联网的开放性和自主性，可使信息由各个组织自发生成，并共享到互联网中。但这也带来了很多欺骗性的威胁。例如，互联网的地址和内容都存在被伪造的可能性。这些是由于互联网运行中无法保证信息完整性（尤其是信息来源）而造成的。

3）信息被非法传播。在网络中发现，很多具有知识产权的音乐和电影被广泛传播，从而造成了知识产权被侵犯的局面。

4）信息在传播过程中，也可能被篡改。篡改信息的目的，可能是为了消除信息的来源，使其无法跟踪；也可能是为了伪造信息的内容，影响正常的信息交流。此外，信息篡改后，还会被植入木马等病毒，这些程序代码不仅会对所在的信息载体带来破坏，还会直接危害到软硬件系统的安全。

1.3　信息内容安全特点及其与相关学科的联系

作为新兴边缘交叉学科，信息内容安全有其自身特点，同时也与许多学科有着密切的联系，具体分析如下：

1）信息内容安全是以网络为主要研究载体。此外，报纸、杂志、广播、电视等传播媒体形式也涉及内容安全问题。对于所处理信息的判定方法和标准，在原理上是一致的。然而在具体实现技术方面，网络内容存储在计算机上，更方便于利用计算机自动处理；而且由于网络信息量大、信息发布来源众多，对自动处理功能有了更强烈的需求和更大的技校挑战。

2）信息内容安全和计算机与网络系统安全相比较，着重强调的是网络上传输信息的内容安全问题，不等同于硬件设备、操作系统和应用软件的安全问题，但计算机与网络系统的正常工作，为信息内容安全系统的正常运行提供了基础。

3）信息内容安全属于通用网络内容分析技术的一个分支。对特征选取、数据挖掘、机器学、信息论和统计学等多门学科的研究，不仅促进了信息分析技术的发展，也为信息内容安全的研究提供了技术支持。信息内容安全关注于与安全相关的内容分析，在处理对象、研究方法的侧重点、对数据吞吐量及对处理结果响应速度等方面的要求有其自身特点。

1.4 信息内容安全研究现状

由于信息内容安全研究中有部分会涉及国家安全等敏感问题，因而相关资料较难获得。下面我们对收集到的典型项目进行讲解。

1.4.1 政府部门主导的项目

随着互联网应用的日益广泛，网上信息安全问题也逐渐突出。于是，各国政府均先后提高了对信息内容安全问题的重视程度。

在 9·11 恐怖袭击事件发生后，FBI 局长 Robert S. Mueller 在议会听证会上发言，认为政府花费了过多的精力用于案件侦查，以致没有足够的资源用于预防案件发生。Robert 认为，这是由于他们虽然获得了大量数据，但却缺少把数据进行整合与深度分析。此后，FBI 加大了对一些领域的研究力度，包括：整合不同来源、不同格式数据的技术；对犯罪及恐怖活动相关的网络链接进行分析与可视化显示的技术；能够对信息进行监控、检索、分析及做出主动响应的 agent 技术；对海量信息（TeraBytes）级别存储文档、网页和电子邮件的文本挖掘技术；利用神经网络对可能的犯罪活动或者新的恐怖袭击进行预测的技术；利用机器学习算法抽取罪犯描述特征与犯罪活动关系结构图技术等。

可见，信息内容安全影响的范围并不是仅仅局限于虚拟网络，而是与其他方面的安全问题密切联系、相互影响。政府主导的部分代表性项目见表 1-1。

表 1-1 政府主导项目

国　别	单　位	项目名称	简　介
美国	FBI	Carnivore	网络信息嗅探软件与相关软件配合，可实现信息还原和内容分析，主要用于监测互联网中的恐怖活动、儿童色情、间谍活动、信息战和网络欺诈行为等。运行于微软 Windows 平台，2005 年 1 月以后停止
美国	FBI	StrikeBack	与联邦教育部合作，用于查询可疑学生信息，每年有数百名学生信息被查询。5 年期计划，已结束
多国	UKUSA	ECHELON	以美英为主导，由多个英语国家参与。它是世界上最大的网络通信数据监听与分析系统。监听世界范围内的无线电波、卫星通信、电话、传真、电子邮件等信息后，用计算机技术进行自动分析。每天截获的信息量约 30 亿条。最初，ECHELON 用于监控苏联和东欧的军事与外交活动。现在，其重点监听恐怖活动和毒品交易的相关信息

国　别	单　位	项目名称	简　　　介
英国		RIP	关于通信监听方面法律，是于 2000 年通过的。其该国政府被授权监控所有电子邮件通信，包括加密通信
美国	CIA	Oasis	以语音识别技术为核心，用于将电话、电视、广播、网络上面的音频信息转换为文本信息，以便于检索。目前，Oasis 系统可以识别英语，下一步的目标是实现对阿拉伯语和汉语的处理
美国	DARPA	EELD	研究如何从海量的网络信息中，发现有可能威胁国家安全的关键信息提取技术
美国	DHS	ADVISE	建立在前述 ECHELON 项目的基础上，通过数据挖掘技术对互联网上的新闻网站、网志（Blog）、电子邮件（E-mail）进行分析，以发现其中各种网络标示之间的关系。该计划目的在于，尽早发现恐怖分子可能发动的恐怖活动。数据的三维可视化展示是该项目的一个特点，它提供了一种新型的数据展示方式

1.4.2　科研院所或公司的项目与产品

由科研机构主导的部分研究项目见表 1-2。

表 1-2　研究机构主导的研究项目

单　位	项目名称	简　　　介
UCLA	PRIVATE KEYWORD SEARCH ON STREAMING DATA	该项目需放置多台服务器到网络各处，收集网络上特定信息后传回信息处理中心，减轻了将所有信息直接传回信息处理中心的负担。项目特点在于，虽然这些放在信息源附近的机器，没有集中式服务器的物理性和系统安全性，甚至有可能为敌对方获取，但该系统会利用同态加密（Homomorphic Encryption）实现编码混淆（Code Obfuscation）。该技术保证了机器上面安装的软件不会被逆向工程侵犯，也即敌对方无法利用缴获的服务器来获取该服务器过滤的明确规则。另外，由于预先滤除了大量信息，系统在安全和隐私方面也取得了较好均衡 http://www.research.ucla.edu/tech/ucla05-487.htm
Autonomy	IDOL Server	Autonomy 公司的产品 IDOL Server 是用途广泛的文本信息挖掘工具，具有能进行语义级别的检索、文本分类与推送等功能。支持多种自然语言，利用信息论的相关知识进行文本特征选择与提取，利用贝叶斯理论进行分类。在 FBI 与 CIA 中，有广泛应用 http://www.autonomy.com/content/Products/IDOL/index.en.html
Secure Computing	SmartFilter	用于阻止网络间谍软件与网络钓鱼软件对网络用户的侵害。在军事、民事领域，都有应用
NICTA	SAFE	澳大利亚国家信息与通信技术研究中心的紧急状态灵活应对系统计划，该项目通过人脸识别等机器视觉技术来分析可能的异常行为，从而实现预先判断，以阻止恐怖主义活动
Cornell	Sorting acts and opinions for homeland security	该项目由美国国土安全部资助，康奈尔大学联合匹兹堡大学和犹他大学负责实施。重点是通过信息抽取等多种自然语言理解与机器学习技术，从收集到的文本中判断各种信息所包含的观点，并且研究如何寻找信息的可能来源，利用这些信息进行辅助决策 http://www.eurekalert.org/pub_releases/2006-09/cuns-sfa092206.php

1.5　信息内容安全研究的意义

在信息化社会的建设过程中，信息内容安全研究有着广泛的应用。根据考察层次对象不同，可分为如下几个方面。

1）提高网络用户及网站的使用效率。网络用户经常遇到垃圾邮件、流氓软件等的恶意干扰，网站中也存在某些用户发布一些广告或恶意言论的情况。信息内容安全研究有望提供技术上的解决方案，包括对电子邮件、论坛、Blog 回复和聊天室等进行信息过滤，通过预先过滤不良信息，减少手工处理各类无用信息所花费的时间与精力，从而有效提高网络的使用效率。

2）净化网络空间。互联网的迅猛发展，既满足了广大群众日益丰富的文化生活需求，成为人们获取信息、生活娱乐、互动交流的新兴媒体，同时也存在着传播各种不良信息的现象。例如，传播格调低下的文字与图片、侵犯知识产权的盗版影音或软件、不负责任的传播未证实的消息，甚至别有用心的散布虚假消息以制造恐慌气氛等。此外，随着网络的发展，上网的未成年人也越来越多，只有营造健康文明的网络文化环境，才有利于青少年的身心健康与顺利成长。清除不健康信息已成为社会的共同呼唤和强烈要求，也对信息内容安全相关课题的研究提出了迫切需要。

从建设国家信息安全保障体系的角度看，随着时代的发展，安全问题也拓展到网络这个看不见、摸不着的虚拟世界，提高国家信息安全保障水平是保障国家安全的重要环节。互联网作为信息传播和知识扩散的新式载体，加剧了各种思想文化的激荡与碰撞。各种观点与宣传在互联网上长期互存、互相影响，是一个客观现实。各种违法犯罪活动也利用网络作为传播的新场所，出现了各种网络诈骗活动与网络恐怖主义活动。上述种种情况，都需要更为完善的信息处理技术，尽早或尽量准确地发现安全隐患，以提高预防保护能力；降低各种不良活动发生的可能性或减少其带来的损失。

1.6　本章小结

信息内容安全是信息安全中一个较新的研究领域，它跨越多媒体信息处理、安全管理、计算机网络、网络应用等多个研究领域，直接和间接地应用各个研究领域的最新研究成果，结合信息内容安全管理的具体需求，发展出具有自己特点的研究方向和应用。随着网络在社会生活中占据越来越重要的地位，随着不断涌现出的各种类型的信息内容安全的具体应用，信息内容安全及其管理理论必将受到越来越多的重视，在日常生活和国家信息安全保障等方面也将起到越来越重要的作用。

1.7　习题

1. 你认为信息内容安全的主要技术有哪些？
2. 你认为信息内容安全技术的发展，能否解决所有的信息内容的安全问题？
3. 你认为除计算机技术外，还有哪些领域需要协同工作，才能更好地保障信息内容的安全？
4. 有序的疏导是解决水患的最好方法。同理，对于信息内容安全，你认为有哪些方法（包括技术、管理或法律等多个方面）可以对信息内容安全的隐患进行有效疏导？

第 2 章　网络信息内容的获取

在以万维网（WWW）为主要承载平台的国际互联网成为与报纸传媒、电台广播及电视媒体并重的第 4 大信息传播媒体之前，历史文稿、最新材料等向计算机的手动录入是信息分析系统最为主要的数据来源。在网络媒体信息与网络通信信息遍布世界各个角落的今天，面向海量互联网信息实现全面或有针对性的内容获取，已经成为一个崭新的课题呈现在网络内容分析人员面前。

鉴于此，本章着重探讨互联网传播信息的获取问题。在把互联网传播信息划分成网络媒体信息与网络通信信息的基础上，本章重点介绍网络媒体信息的获取原理与获取方法，同时简要讲解网络通信信息获取方案。

2.1　互联网信息类型

受益于国际互联网基础设施建设的长足发展，当前基于互联网实现信息传播这一网络应用已经相当普及。美国因特网监测公司调查数据指出，截止到 2009 年 3 月世界范围内网站的总数是 224749695 个。2009 年 1 月的《中国互联网网络发展状况统计报告》显示，到 2008 年底域名注册者在中国境内注册的网站数（包括在境内接入和境外接入）达到 287.8 万个，网页总数达到 16086370233 个，平均每个网站的网页数是 5588 个，平均每个网页的字节数是 28.6KB。

容纳着数以万 TB 的信息总量，并且正处于内容爆炸性增长的国际互联网，包含了各式各样、内容迥异的信息，但从宏观角度上来讲，互联网公开传播信息可以分为网络媒体信息与网络通信信息两大类型。

2.1.1　网络媒体信息

网络媒体信息是指传统意义上的互联网网站的公开发布信息，网络用户通常可以基于通用网络浏览器（例如，Microsoft 公司的 Internet Explorer，Netscape 公司的 Navigator，Mozilla 公司的 Mozilla Firefox）获得互联网公开发布的信息。由于本书针对这类信息拥有统一的信息获取方法，因此将其统称为网络媒体信息。宏观意义上的网络媒体信息涉及面较广，可以通过网络媒体形态、发布信息类型、媒体发布方式、网页具体形态与信息交互协议等多种划分方法进一步细分与区别网络媒体信息的组成。

1．网络媒体形态

根据网络媒体具体形态的不同，网络媒体可以分为广播式媒体与交互式媒体两类。其中，传统的广播式媒体主要包含新闻网站、论坛（BBS）、博客（Blog）等形态；新兴的交互式媒体涵盖搜索引擎、多媒体（视/音频）点播、网上交友、网上招聘与电子商务（网络购物）等形态。并且，每种形态的网络媒体都以各自的方式向互联网用户推送其公开发布信息。

2．发布信息类型

从公开发布信息的具体类型上看，网络媒体信息可以细分为文本信息、图像信息、音频信息与视频信息 4 种类型,其中,网络文本信息始终是网络媒体信息中占比最大的信息类型。

3. 媒体发布方式

按照网络媒体所选择信息发布方式的不同,网络媒体信息还可以分成可直接匿名浏览的公开发布信息,以及需实现身份认证才可进一步点击阅读的网络媒体发布信息。

4. 网页具体形态

《中国互联网网络发展状况统计报告》根据超链接网络地址(统一资源定位符,URL)的组成,将网页分成 URL 中不含"?"或输入参数的静态网页,以及 URL 中含"?"或输入参数的动态网页两类。针对网页内容的具体构成形态,还可以对网络媒体信息中的静态网页与动态网页进行更加明确地区分。

网页主体内容以文本形式,而网页内嵌链接信息以超链接网络地址格式存在于网页源文件中的网页属于静态网页,如图 2-1 所示。网页主体内容或网页内嵌链接信息完全封装于网页源文件中的脚本语言片段内的网页属于动态网页,如图 2-2 所示。

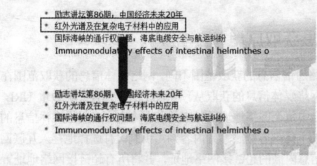

图 2-1　静态网页实例

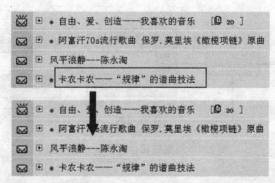

图 2-2　动态网页实例

从网页内容的构成形态不难发现,动态网页与静态网页不同,它是使用传统的基于 HTML

标记匹配的网页解析方法提取网页主体内容，以及网页内嵌链接所对应的网络超链接地址。

5. 信息交互协议

按照所使用的信息交互协议的不同，网络媒体信息可以分为 HTTP（S）信息、FTP 信息、MMS 信息、RTSP 信息与已经不多见的 Gopher 信息等。其中，MMS 信息与 RTSP 信息属于视/音频点播协议。当互联网用户通过网络浏览器点击 MMS 或 RTSP 协议信息时，浏览器会通过操作系统调用该协议解析所对应的默认应用程序，实现互联网用户请求的视/音频片段播放。

2.1.2 网络通信信息

互联网用户使用除网络浏览器以外的专用客户端软件，实现与特定点的通信或进行点对点通信时所交互的信息属于网络通信信息。常见的网络通信信息包括使用电子邮件客户端收发信件时通过网络传输的信息，以及使用即时聊天工具进行点对点交流时所传输的网络信息。鉴于网络通信信息在一定程度上并不属于网络公开发布信息，本章将只对这类信息的获取原理与获取方法进行简要探讨。

2.2 网络媒体信息获取原理

与面向特定点的网络通信信息的获取范围不同，网络媒体信息的获取范围在理论上可以是整个国际互联网。传统的网络媒体信息的获取从预先设定的、包含一定数量 URL 的初始网络地址集合出发，获取初始集合中每个网络地址所对应的发布内容。而网络媒体信息的获取，一方面将初始网络地址发布信息的主体内容按照系列内容判重机制，有选择地存入互联网信息库。另一方面，进一步提取已获取信息内嵌的超链接网络地址，并将所有超链接网络地址置入待获取地址队列，以"先入先出"方式逐一提取队列中的每一个网络地址发布的信息。网络媒体信息获取环节循环开展待获取队列中的网络地址发布信息获取、已获取信息主体内容提取、判重与信息存储，以及已获取信息内嵌网络地址提取并存入待获取地址队列操作，直至遍布所需的互连网络范围。

2.2.1 网络媒体信息获取理想流程

理想的网络媒体信息获取流程主要由初始 URL 集合——信息"种子"集合、等待获取的 URL 队列、信息获取模块、信息解析模块、信息判重模块与互联网信息库共同组成，如图 2-3 所示。

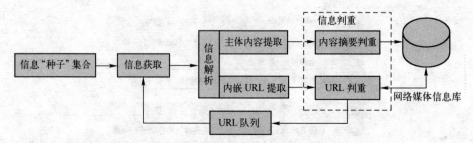

图 2-3　网络媒体信息获取理想流程

1. 初始 URL 集合

初始 URL 集合概念最初由搜索引擎研究人员提出，商用搜索引擎为了使自身拥有的信息充分覆盖整个国际互联网，需要维护包含相当数量网络地址的初始 URL 集合。搜索引擎跟随初始 URL 集合发布页面上的网络链接进入第一级网页，并进一步跟随第一级网页内嵌链接进入第二级网页，最终形成周而复始的跟随网页内嵌地址的递归操作，从而完成所有网页发布信息的获取工作。因此，初始 URL 集合通常被形象地称为信息"种子"集合，如图 2-4 所示。

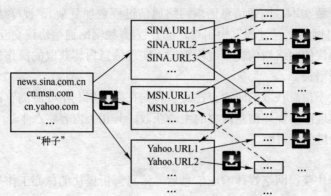

图 2-4   跟随网页内嵌链接逐级递归遍历互联网络

从理论上讲，只要维护包含足够数量网络地址的初始 URL 集合，搜索引擎即可遍历整个国际互联网（通常还需要网站主动向搜索引擎提供网站地图 Sitemap）。源于搜索引擎应用研究的网络媒体信息获取环节，同样需要根据后续网络媒体信息分析环节所关注的互联网络范围，事先维护包含一定数量网络地址的初始 URL 集合，作为信息获取操作的起点。

2．信息获取

信息获取模块先根据来自初始网络地址集合或 URL 队列中的每条网络地址信息，确定待获取内容所采用的信息发布协议。在完成待获取内容协议解析操作后，信息获取模块将基于特定通信协议所定义的网络交互机制，向信息发布网站请求所需内容，并接收来自网站的响应信息，将它们传递给后续的信息解析模块。基于 HTTP 协议发布的文本信息获取范例如图 2-5 所示，对于 HTTP 信息网络交互过程细节可查阅协议规范——Hypertext Transfer Protocol-HTTP/1.1, RFC 2616, June 1999。

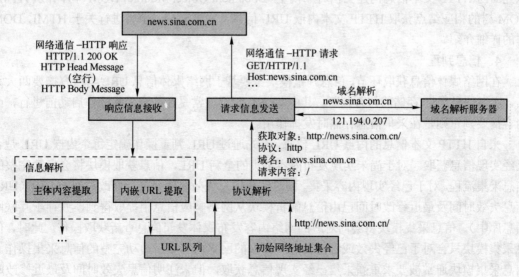

图 2-5   HTTP 文本信息获取范例

在理论原理层面上,立足于开放系统互连参考模型(OSI/RM)的传输层,可以通过重构各类通信协议(例如 HTTP 和 FTP 等)所定义的网络交互过程,实现基于不同通信协议的发布内容获取。随着互联网中文本、图像信息发布形态的不断推陈出新(人机交互式信息发布形态的出现直接导致文本、图像信息请求网络通信过程愈加复杂),视/音频发布内容的层出不穷(视/音频信息网络交互过程重构困难,部分视/音频网络通信协议交互细节并未公开),纯粹依赖于各类协议的网络通信交互过程重构,实现信息内容获取的操作复杂度和网络交互重构难度呈指数级增长。

因此,当前关于信息获取的研究正在逐步转向在应用层利用开源浏览器部分组件,甚至整个开源浏览器实现网络媒体信息内容的主动获取,其相关内容将在本章"网络媒体信息获取方法"一节中做进一步讲解。

3. 信息解析

在信息获取模块获得网络媒体响应信息后,信息解析模块的核心工作是根据不同通信协议的具体定义,从网络响应信息相应位置提取发布信息的主体内容。为了便于开展信息采集与否判断,信息解析模块通常还将按照信息判重的要求,进一步维护与网络内容发布紧密相关的关键信息字段,例如信息来源、信息标题,以及在网络响应信息头部可能存在的信息失效时间(Expires)或信息最近修改时间(Last-Modified)等。信息解析模块会把提取到的内容直接交给信息判重模块,在通过必要的重复内容检查后,网络媒体发布信息的主体内容及其对应的关键字段将被存入互联网信息库。

为了实现跟随网页内嵌链接递归遍历所关注的网络范围这一技术需求,对于响应信息类型(Content-Type)是 text/* 的 HTTP 文本信息,信息解析模块在完成响应信息主体内容及关键信息字段提取的同时,还需要进一步开展 HTTP 文本信息内嵌 URL 的提取操作。信息解析模块实现 HTTP 文本信息内嵌 URL 提取的理论依据,是 HTML 语言关于网络超文本链接(Hyper Text Link)标记的系列定义。信息解析模块一般通过遍历 HTTP 文本信息全文,查找网络超文本链接标记的方法,实现 HTTP 文本信息内嵌 URL 的提取。当前信息解析模块还可以先面向 HTTP 文本信息构建文档对象模型(Document Object Module,DOM)树,并从 HTML DOM 树的相应结点获取 HTTP 文本内嵌 URL 信息,本章随后一节将进行关于 HTML DOM 树的详细介绍。

4. 信息判重

在网络媒体信息获取环节,信息判重模块主要基于网络媒体信息 URL 与内容摘要两大元素,实现信息采集/存储的与否判断。其中,URL 判重通常是在信息采集操作启动前进行,而内容摘要判重则是在采集信息存储时发挥作用。

来自 HTTP 文本信息的内嵌 URL 信息,首先通过 URL 判重操作确定每个内嵌 URL 是否已经实现信息获取。对于尚未实现发布内容采集的全新 URL,信息获取模块将会启动完整的信息采集流程。对于已经实现内容采集,同时注明信息失效时间及最近修改时间的 URL(URL 信息失效时间及最近修改时间已由信息解析模块从网络响应信息中提取得到,并存于互联网信息库中),信息采集模块将会向对应的网络内容发布媒体发起信息查新获取操作。此时,信息采集模块只会对于已经失效或者已被重新修改的网络内容重新启动完整的信息采集操作。信息采集模块通常被要求重新采集已经实现信息获取,但未注明信息失效时间及最近修改时间的 URL 所对应的发布内容。

在面向没有提供发布信息失效时间及最近修改时间的网络媒体（网络通信协议并未强制要求响应信息必须提供信息失效时间及最近修改时间）时，仅依靠 URL 判重机制，是无法避免同一内容被重复获取的。因此在获取信息存储前，需要进一步引入内容摘要判重机制。网络媒体信息获取环节可以基于 MD5 算法，逐一维护已采集信息的内容摘要，杜绝相同内容重复存储的现象。

2.2.2　网络媒体信息获取的分类

按照信息获取行为所涉及的网络范围划分，网络媒体信息获取可以分为面向整个国际互联网的全网信息获取，以及针对某些具体网络区域的定点信息获取。按照信息获取行为在工作范围内所关注的对象划分，网络媒体信息获取还可以分为针对工作范围内所有发布信息的面向全部内容的信息获取，以及仅关注工作网络范围内某些热门话题的基于具体主题的信息获取。本节重点介绍全网信息获取与定点信息获取在技术要求与实现方法方面的区别，并进一步讲解基于主题的信息获取方法，以及该领域代表性技术——元搜索。

1. 全网信息获取

全网信息获取工作范围涉及整个国际互联网内所有网络媒体发布信息，主要应用于搜索引擎（Search Engine），例如 Google、Baidu 或 Yahoo 等，和大型内容服务提供商（Content Service Provider）的信息获取。随着网络新型媒体的不断出现、网络信息发布形式的更新换代，纯粹通过跟随网络链接已经很难达到遍历整个互联网的效果。因此，全网信息获取发起方在不断更新、扩展用于信息获取的初始 URL 集合的同时，还建议新接入互联网的网络媒体主动向信息获取方提交自身网站地图（SiteMap）。这有利于全网信息获取机制面向新网络媒体实现发布内容采集，从而保证其尽可能全面地覆盖整个国际互联网。

正如前文所述，整个国际互联网信息总量非常庞大，考虑到本地用于信息采集的存储空间有限，全网信息获取发起方实际上并没有把所有网络媒体信息都采集到本地。搜索引擎或大型内容服务提供商在进行全网信息获取时，通常基于特定的计算方法（例如 Google 的 PageRank 算法）对每条网络信息进行评判，只是获取或长时间保存在信息评判系统中排名靠前的网络信息，例如链接引用率较高的网络媒体发布内容。另一方面，由于工作对象遍布整个国际互联网，单次全网信息获取一般需要数周乃至数月的时间。因此在面对信息更新相对频繁的网络媒体（如论坛或博客）时，全网信息获取机制的内容失效率相对较高，其对于每个网络媒体发布内容获取的时效性无法实现统一保证。尽管如此，全网信息获取作为搜索引擎与内容服务提供商不可或缺的信息获取机制，依然在网络信息应用中起到极为关键的作用。

2. 定点信息获取

由于全网信息获取不仅对于内容存储空间要求过高，而且无法保证网络媒体发布内容获取的时效性，因此在网络媒体信息获取只是重点关注某些特定的网络区域，并且向信息获取机制相对于媒体内容发布的网络时延提出较高要求时，定点信息获取的概念应运而生。

定点信息获取的工作范围限制在服务于信息获取的初始 URL 集合中每个 URL 所属的网络目录内，深入获取每个初始 URL 所属的网络目录及其下子目录中包含的网络发布内容，不再向初始 URL 所属网络目录的上级目录，乃至整个互联网扩散信息获取行为。如果说全网信息获取关注的是信息获取操作的全面性，即信息获取在整个互联网中的覆盖情况；定点信息获取机制则更加重视在限定的网域范围内，进行深入的网络媒体发布内容获取，同时有效保证获取信息的时效性。

定点信息获取正是通过周期性地遍历每个初始 URL 所属的网络目录，达到在初始 URL 设定的网域范围内深入获取网络发布内容的技术需求。与此同时，周期性遍历初始 URL 所属网络目录的时间间隔，是定点信息获取用于确保内容采集时效性的关键参数。合理设定周期轮询、查新获取初始 URL 所属网络目录的时间间隔，可以确保定点信息获取机制不至于错失目标网络媒体不断更新的发布内容，并且防止信息获取机制过分增加目标媒体的工作负载。

3. 基于主题的信息获取与元搜索

由于在整个国际互联网或限定的网域范围内，全面获取所有网络媒体发布内容可能造成本地存储信息泛滥，因此在所关注的网络范围内只面向某些特定话题进行基于主题的信息获取，是在面向全部内容的信息获取以外另一个行之有效的信息获取机制。顾名思义，基于主题的信息获取只把与预设主题相符的内容采集到本地，并在信息获取过程中增加了内容识别环节，可以只是简单的主题词汇匹配，也可以面向发布内容进行基于主题的模式识别，从而在关注的网络范围内有选择地获取网络媒体发布内容。相对于面向全部内容的信息获取，基于主题的信息获取机制正是通过有效减少需要采集的内容总量，进一步降低已采集内容的失效率，同时显著减少服务于信息采集的内容存储空间。

伴随搜索引擎应用的不断深入，在搜索引擎的协助下进行基于主题的信息获取技术——元搜索技术，得到了越来越多的应用。元搜索属于特殊的基于主题的信息获取，它将主题描述词传递给搜索引擎进行信息检索，并把搜索引擎针对主题描述词的信息检索结果作为基于主题信息获取的返回内容。

元搜索技术得以实现的关键原因是，每个搜索引擎在为输入词目构造信息检索 URL 时是有规律可循的。以中/英文信息检索词目为例，常用搜索引擎是把英文词目原本内容，或中文词目所对应的汉字编码作为信息检索 URL 的参数输入。例如，Baidu 是选择中文词目的 GB 编码作为信息检索 URL 参数。除输入参数不同以外，用于相同搜索引擎的信息检索 URL 的其余部分完全相同，如图 2-6 所示。

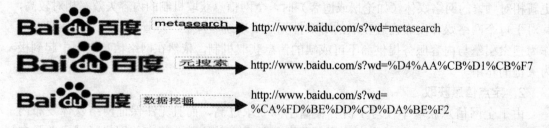

图 2-6　搜索引擎信息检索 URL 构造范例

元搜索技术正是通过在不同搜索引擎的网络交互过程中，根据每个搜索引擎的具体要求构造主题描述词信息检索 URL，向搜索引擎发起信息检索请求。元搜索技术利用搜索引擎进行基于主题的信息获取操作，它把搜索引擎关于主题描述词的信息检索结果作为信息获取对象，从而实现面向特定主题的网络发布内容获取。

2.2.3 网络媒体信息获取的技术难点

在网络媒体信息获取功能实现过程中，无论是全网信息获取，还是定点信息获取，都存在相当程度的技术应用实现难度。另外，元搜索作为特殊的基于主题的信息获取，其在信息获取结果排序方面仍然存在尚未完全解决的技术难点。

首先，网络媒体信息获取的工作对象是信息形态各异、信息类型多样的互联网媒体。在信息总量迅速膨胀的互联网信息面前，网络媒体信息获取机制通常需要在获取内容的全面性和时效性之间做出取舍。与此同时，在面对完全异构的网络媒体发布信息时，信息获取技术需要在各类不同的网络媒体间普遍适用，这又为网络媒体信息获取功能提出了更高的技术要求。当前网络媒体信息获取机制在保留传统的基于网络交互过程重构机制实现信息获取的基础上，逐步转向在信息获取过程中集成开源浏览器部分组件甚至整体，用于提高技术功能能级、降低技术实现难度，至于相关内容将在本章后续部分予以详细介绍。

其次，由于部分网络媒体选择屏蔽过于频繁的、来自相同客户端的信息获取操作，因此定点信息获取技术实现的难点还包括在周期性地遍历设定网域发布内容，确保定点信息获取的深入性与时效性的基础上，有效回避目标媒体对于所谓"恶意"信息获取行为的封禁。要解决这一技术难点，一方面可以通过适当选择周期遍历时间间隔，防止信息获取行为造成网络媒体负载过重；另一方面则涉及定期修改用于内容获取的网络客户端信息请求内容（内容协商行为），以避免遭遇目标网络媒体的拒绝服务。

最后，元搜索在通过搜索引擎实现基于主题的信息获取过程中，可以选择向多个搜索引擎串/并行发送信息检索请求，扩大元搜索技术的网络覆盖面。正是由于这一应用需求，对不同主题选择恰当的搜索引擎，同时基于合适的主题相关度判断法则，对来自不同搜索引擎的信息检索结果实现基于主题的相关度排序，正是当前元搜索技术研究的难点所在。

2.3 网络媒体信息获取方法

在完成关于网络媒体信息获取技术的一般性原理描述后，本节转而介绍针对各类网络媒体的发布信息获取方法。按信息发布方式分类，网络媒体信息可分成直接匿名浏览信息与需身份认证网络媒体发布信息两类；按网页具体形态分类，网络媒体信息又可分成静态网页与动态网页两类，本节首先介绍采用网络交互过程重构机制，实现需要身份认证的静态网页发布信息获取方法。

在此基础上，本节进一步介绍基于开源浏览器脚本解析组件，实现内嵌脚本语言片段的动态网页发布信息获取方法。最后重点介绍基于浏览器模拟技术，实现形态各异、类型各异的网络媒体发布信息获取。

2.3.1 需身份认证静态媒体发布信息获取

随着网络社区概念及个性化信息概念的不断普及，当前多数网络媒体首先需要身份认证，才可进行正常的内容访问。对于正在进行网络浏览的用户而言，身份过程是相对简单的。互联网用户只需要根据网络内容发布者的提示，在身份认证网页上填写正确的用户名、密码信息，进行必要的图灵测试（正确输入以图像信息显示的身份认证验证码内容），并提交所有信息，就能成功完成身份认证。尽管如此，对于通过网络交互重构实现信息获取的计算机而言，增加身份认证过程将直接导致用于信息获取的网络通信过程模拟变得更加复杂。在此重点探讨基于网络交互重构机制，面向需要身份认证的对外发布的网页形态（都属于静态网页范畴的静态网络媒体），实现发布内容提取的具体方法。

在基于网络交互重构实现信息获取的过程中，如果网络媒体要求身份认证，信息获取环节就需要在原有的信息请求过程重构前，首先模拟基于 HTTP 协议的网络身份认证过程，这是由于面向网络媒体的身份认证通常基于 HTTP 协议。基于网络交互重构实现身份认证信息获取主要涉及用于表明身份认证成功的 Cookie 信息获得，以及携带相关 Cookie 信息进一步向网络媒体请求发布内容两个独立环节。

（1）基于 Cookie 机制实现身份认证

Cookie 机制用于同一互联网客户端在不同时刻访问相同网络媒体时，客户端信息的恢复与继承。HTTP/1.1 针对 Cookie 机制定义了两类报头选项（Header Fields），分别是 Set-Cookie 选项和 Cookie 选项。其中，Cookie 选项存于互联网客户端发送的请求信息中，而 Set-Cookie 选项则出现在网络媒体响应信息的头部。

在互联网客户端向网络媒体发送信息请求，尤其是个性化（自定义）的信息请求时，网络媒体响应信息头部通常会包含 Set-Cookie 选项，返回记录在网络媒体端的互联网用户身份信息。在获得网络媒体响应信息后，互联网客户端在提取响应信息主体内容的同时，还会将响应信息中的 Set-Cookie 选项内容存入本地 Cookie 信息记录文件。当互联网客户端再次向相同的网络媒体发送信息请求时，请求信息就会包含 Cookie 选项，若 Cookie 选项内容与先前的 Set-Cookie 选项内容一致，则互联网客户端在网络媒体端保留的身份信息就会得以继承，网络媒体会自动根据先前的用户自定义信息返回相应的响应内容，如图 2-7 所示。

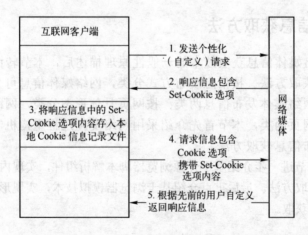

图 2-7 基于 Cookie 机制的 HTTP 信息交互过程

利用 Cookie 机制实现身份认证，就是在互联网客户端面向需身份认证网络媒体认证成功后，网络媒体向客户端返回记录在媒体端的用户信息，即用于表明身份认证成功的 Cookie 信息。只要客户端在随后的发布信息请求中携带表明认证成功的 Cookie 信息，网络媒体就会向客户端返回需要身份认证才可访问的网络发布内容。对于没有携带表明认证成功 Cookie 的客户端请求，网络媒体则返回身份认证失败信息，并要求用户进行身份认证，如图 2-8 所示。

图 2-8 基于 Cookie 机制实现需身份认证才可访问信息请求

（2）基于网络交互重构实现信息获取

基于网络交互重构实现媒体信息获取是指立足于真实的网络通信过程，通过网络编程顺序模拟网络媒体信息请求过程的各个环节，最终实现网络媒体发布信息获取。在面对需身份认证才可浏览的静态媒体进行发布信息获取时，网络身份认证过程与静态媒体所含网页及其内嵌 URL 发布信息请求过程，都需要进行正确的网络交互过程模拟，才能达到获取静态媒体发布信息的最终目标。

在基于网络交互重构实现媒体信息获取过程中，媒体信息获取环节是通过响应信息返回码判断信息获取请求是否成功的。一般而言，HTTP/1.X 20X（例如 HTTP/1.1 200OK）标志着信息请求成功，HTTP/1.X 40X 标志着信息请求失败，而 HTTP/1.X 401 则标志着在信息请求过程中身份认证失败，此时网络媒体信息获取环节需要智能地进行身份认证过程模拟，如图 2-9 所示。

当针对首次信息请求的响应返回码是 401 时，媒体信息获取环节首先判断内容发布媒体身份认证过程是否需要图灵检测。所谓图灵检测是指目前在网络媒体身份认证过程中普遍使用的高噪声数字/字母图像，在互联网客户端填写用户名/密码信息时，必须同时辨识数字/字母信息，并与用户名/密码信息一同提交，才可以通过身份认证。用于网络媒体信息获取的用户名/密码信息，可以事先在目标媒体上手动申请得到，并针对不同网络媒体维护用户名/密码库。关于图灵检测，即用于身份认证的验证码机器识别相关内容，读者可以自行查阅本书关于图像信息处理的相关章节。

需要特别说明的是，在基于网络交互重构实现静态媒体发布信息获取过程中，网络编程模拟信息请求过程，理论上可以通过充分了解相关通信协议的具体交互过程予以实现。但是考虑到每个网络媒体身份认证过程不尽相同，并且针对不同网络媒体发布信息的请求数据包内容组成各异，完全基于理论进行通信协议数据交互过程模拟在网络交互数据包重组与分析环节存在诸多难点。

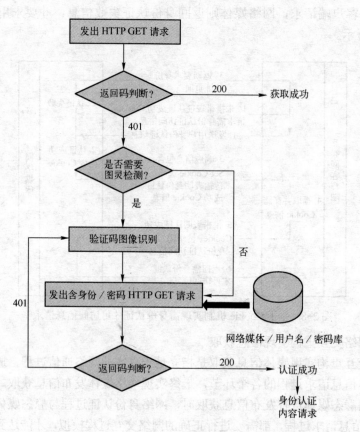

图 2-9　网络媒体信息获取身份认证模拟

这时可以在常见的局域网侦听工具协助下，手动完成身份认证请求与静态网页信息浏览全过程，并从侦听工具中获得身份认证请求数据包、网络媒体响应数据包，以及静态网页信息请求数据包的具体构成，如图 2-10 所示。

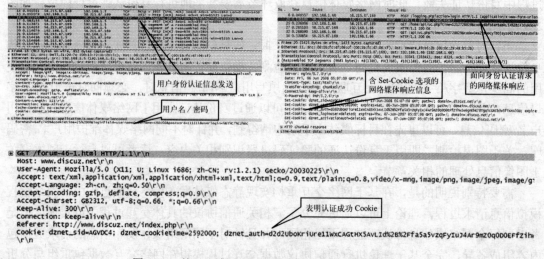

图 2-10　基于局域网侦听工具了解网络交互数据包组成

在此基础上编程模拟网络交互过程时，可以直接按照信息请求数据包的实际组成，构造身份认证及网页信息请求数据包（携带表明认证成功的 Cookie），并在面向身份认证请求的响应数据包相应位置提取表明身份认证成功的 Cookie 信息，例如 Set-Cookie 选项内容。在完全掌握真实网络通信过程的前提下进行网络交互重构，能够有效降低网络通信数据包的重组与分析，以及编程重构网络交互过程的工作复杂度。

通过网络交互重构获取到静态网络媒体起始网页发布信息后，可以采用传统的基于 HTML 标记匹配的网页解析方法，提取网页主体内容及其内嵌 URL 信息。例如，可以从"<body>与</body>"标记对中提取静态网页主体内容，从"<a href=···>与</a>"标记对中提取网页内嵌 URL 信息。关于网页解析方法可能涉及其他 HTML 标记，读者可以自行查阅文献——HTML 4.01 Specification, W3C Recommendation, December 1999。之后，网络媒体信息获取环节将继续为每个内嵌 URL 构建并发送信息请求包（内含表明身份认证成功的 Cookie），以获取其发布内容，最终在所关注的互联网范围内，针对需要身份认证的静态网络媒体事先发布信息提取工作。

2.3.2　内嵌脚本语言片段的动态网页信息获取

动态网页主体内容及其内嵌 URL 信息完全封装于网页源文件中的脚本语言片段内，如图 2-11 所示。当通过网络交互重构获得动态网页发布信息时，无法直接使用基于 HTML 标记匹配方法提取网页主体内容及其内嵌 URL 信息。在这种情况下，可以先把动态网页中包含的所有脚本语言片段传递给 Mozilla 浏览器的脚本解释组件——SpiderMonkey，或独立脚本解释引擎——Rhino，实现动态脚本解析并获得脚本片段所对应的静态网页内容，进而按照静态网页信息获取方法完成动态网页及其内嵌 URL 发布内容的获取工作。

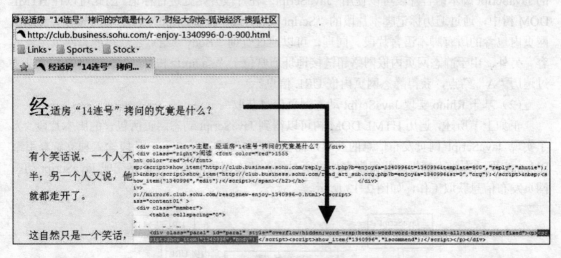

图 2-11　动态网页主体内容封装于源文件脚本语言片段中

鉴于当前 JavaScript 广泛应用于动态网页的编写，本节主要讲解如何基于脚本解释引擎 Rhino，面向包含 JavaScript 的动态网页实现发布信息获取。不过在这以前，首先介绍利用文档对象模型 DOM 树，提取动态网页所含脚本语言片段的具体方法。该方法同样适用于提取静态网页主体内容，以及网页内嵌 URL 信息。

（1）利用 HTML DOM 树提取动态网页内的脚本语言片段

文档对象模型 DOM 是以层次结构组织的结点或信息片段集合，它提供跨平台并且可应用于不同编程语言的标准程序接口。DOM 把文档转换成树形结构，使文档中的每个部分都成为 DOM 树的结点。HTML DOM 是专门应用于 HTML/XHTML 的文档对象模型，主要包含 Window、Document、Location、Screen、Navigator 与 History 等 HTML DOM 对象。HTML 网页与 HTML DOM 树间的对应关系如图 2-12 所示。

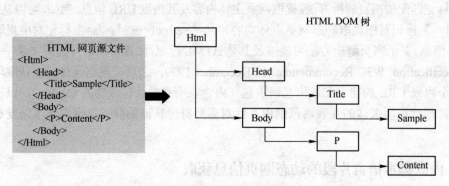

图 2-12　HTML 网页对应的 HTML DOM 树

HTML 网页对应的 HTML DOM 树存储于浏览器内存对象中，该对象实现了包含若干方法的标准程序接口。网页开发人员可以通过相应接口，对 HTML DOM 树上的每个结点进行遍历、查询、修改或删除等操作，从而动态访问和实时更新 HTML 网页的内容、结构与样式。

动态 HTML 网页的脚本语言片段通常书写于"<Script >与</ Script >"标记对中，而特定的 JavaScript 脚本语言片段可以使用"JavaScript:"在片段开始处进行标记。因此可以在 HTML DOM 树中，通过遍历标记脚本片段的"Script"结点或"JavaScript:"结点，获得动态 HTML 网页内包含的所有脚本语言片段。同理，可以通过查询"Body"结点，获得静态网页主体内容。另外，由于静态网页内嵌网络超链接地址通常位于"<a href>和</a>"标记对中，可以通过遍历"A"结点，获得静态网页内嵌 URL 信息。

（2）基于 Rhino 实现 JavaScript 动态网页信息获取

正如上节所述，遍历 HTML DOM 树可以得到 JavaScript 动态网页所包含的脚本片段。为了实现 JavaScript 网页发布信息的获取，需要把提取到的 JavaScript 片段输入独立解释引擎 Rhino 实现动态脚本解析，获得脚本片段所对应的静态网页形式，并最终完成 JavaScript 动态网页发布信息获取工作，如图 2-13 所示。

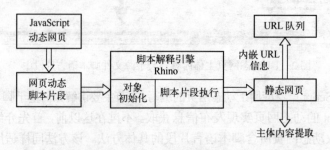

图 2-13　基于 Rhino 实现 JavaScript 动态网页发布信息获取

在 Rhino 进行 JavaScript 网页动态脚本解析过程中，需要首先完成脚本片段包含的所有对象初始化操作，然后按照动态网页加载过程顺序执行 JavaScript 脚本片段。

1．对象初始化

作为脚本解释引擎，Rhino 虽然可以直接识别 JavaScript 语言内置对象与动态网页脚本片段自定义对象，并自动调用可识别对象定义的方法，但是它无法识别与调用某些特殊对象定义的方法。在脚本解释引擎对象初始化阶段，Rhino 无法识别的特殊对象主要是指上文提到的 Window、Document、Location、Screen、Navigator 与 History 等 HTML DOM 对象。

因此，在启动 Rhino 顺序执行 JavaScript 片段前，首先需要自定义脚本片段所含 HTML DOM 对象方法的具体功能，完成 HTML DOM 对象的本地创建工作，如图 2-14 所示。随着 Ajax 机制在 Web 2.0 应用中的不断普及，多数动态网页还选择 Ajax 技术调用静态文本信息。对于包含 Ajax 机制的动态网页，在对象初始化阶段，还需要附加对 Ajax 机制中 XmlHttpRequest 对象方法的自定义。

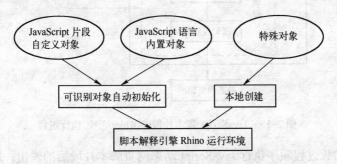

图 2-14　脚本解释引擎 Rhino 对象初始化

在对象初始化阶段进行 Rhino 无法识别的特殊对象本地创建，就是在 Rhino 运行环境中定义特殊对象方法函数的具体功能。例如，HTML DOM 对象 Window 方法函数 Open 的参数是动态页面内嵌 URL 信息，默认功能是新建浏览器窗口显示该 URL 发布内容。在 Window 对象 Open 方法的本地创建过程中，可在 Rhino 运行环境中自定义该方法的功能，把对应 URL 信息置入信息获取环节的 URL 队列，等待进行信息获取操作。相应地，HTML DOM 对象 Document 方法函数 Write 的参数是静态网页信息，默认功能是在当前浏览器窗口中显示静态网页发布内容。可在 Document 对象 Write 方法功能自定义时说明该方法，用于把静态网页信息写入位于信息采集端的特定文件中。

在 Rhino 进行 JavaScript 片段解析过程中，如果遇到无法直接识别的特殊对象，它会在运行环境中寻找该对象方法函数的具体定义，即调用特殊对象在本地创建时声明的方法功能。

2．Rhino 执行 JavaScript 脚本片段

在按照动态网页加载过程顺序执行 JavaScript 脚本片段过程中，脚本解释引擎 Rhino 逻辑上可以分为前端环节和后端环节两部分。前端环节顺序进行词法及语法分析，其中语法分析产生语法树，前端环节正是基于语法树生成中间代码。前端环节产生的中间代码就是后端环节需要解释执行的目标代码，后端环节对于中间代码解释执行的最终输出是 JavaScript 脚本片段对应的静态网页信息。脚本片段变量信息统一存储于记录表模块的符号表中，常量信息及

对象属性名信息存储于记录表模块的常量表中，记录表模块贯穿脚本片段解释全过程，如图2-15 所示。

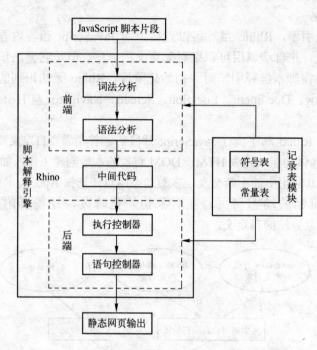

图 2-15　JavaScript 脚本片段在 Rhino 中的执行过程

Rhino 按照加载过程顺序执行 JavaScript 动态网页脚本片段后的输出，是脚本片段所对应的静态网页形式。在此基础上，可以利用传统的 HTML 标记匹配方法，也可以通过遍历静态网页的 HTML DOM 树，获得静态网页主体内容，提取网页内嵌 URL 信息并置入待获取 URL 队列，从而最终完成 JavaScript 动态网页发布信息的获取工作。

2.3.3　基于浏览器模拟实现网络媒体信息获取

之前介绍的网络媒体信息获取方法的技术实质，可以统一归属于采用网络交互重构机制实现网络媒体信息获取。一方面，在面向需要身份认证的静态网页实现发布信息获取过程中，网络媒体信息获取环节通过网络交互重构完整实现身份认证过程与信息请求/响应过程；另一方面，为了实现动态网页发布信息的获取，在通过网络交互重构取得动态网页发布内容后，首先需要基于独立解释引擎实现动态脚本片段解析，获得动态网页所对应的静态网页形态，进而继续采用网络交互重构机制实现静态网页主体内容与内嵌 URL 发布信息的获取。

网络交互重构机制是网络媒体信息获取的一般性方法，从理论上讲，只要掌握网络通信协议的信息交互过程，就可以通过网络交互重构实现对应协议发布信息获取。但是，随着网络应用的逐步深入、网络媒体发布形态的不断推陈出新，不同网络媒体信息交互过程存在着极大差别。同时，新型网络通信协议正在不断得到应用，而部分网络通信协议，尤其是视/音频信息的网络交互过程并未对外公开发布。

因此，在通过网络交互重构实现网络媒体信息获取过程中，需要对不同网络媒体逐一进行网络信息交互重构，其信息获取技术实现的工作量异常庞大。与此同时，对于网络交互过程尚处于保密阶段的部分网络通信协议而言，无法直接通过网络交互重构实现对应协议发布信息获取。

正是由于通过网络交互重构机制实现媒体信息获取存在相当程度的技术局限性，在 Web 网站自动化功能/性能测试的启发下，浏览器模拟技术在网络媒体信息获取环节正得到越来越广泛的应用。基于浏览器模拟实现网络媒体发布信息获取的技术，实现过程是利用典型的 JSSh 客户端向内嵌 JSSh 服务器的网络浏览器发送 JavaScript 指令，指示网络浏览器开展网页表单自动填写、网页按钮/链接被点击、网络身份认证交互、网发布页信息浏览，以及视/音频信息点播等系列操作。

在此基础上，JSSh 客户端进一步要求网络浏览器导出网页文本内容、存储网页图像信息，或在用于信息获取的计算机上对正在播放的视/音频信息进行屏幕录像，最终面向各种类型的网络内容、各种形态的网络媒体实现发布信息获取，如图 2-16 所示。

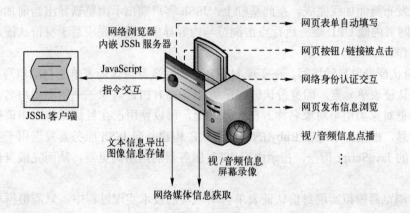

图 2-16　基于浏览器模拟实现网络媒体信息获取

1. 内嵌 JSSh 服务器的 Firefox 浏览器

Mozilla Firefox 属于典型的内嵌 JSSh 服务器的开源浏览器，它将 JSSh 服务器作为自身的附加组件。外部应用程序——JSSh 客户端可与 Firefox 浏览器内嵌的 JSSh 服务器（默认侦听 9997 端口）建立通信连接，并向其发送 JavaScript 指令，指示 Firefox 操作当前网页的文档对象，如图 2-17 所示。内嵌 JSSh 服务器的 Firefox 顺序执行来自 JSSh 客户端的 JavaScript 指令，其整体过程与 Firefox 解析动态网页内的 JavaScript 脚本片段类似。

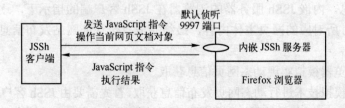

图 2-17　JSSh 服务器与客户端间的 JavaScript 指令交互

2. 典型 JSSh 客户端——FireWatir

作为典型的 JSSh 客户端，FireWatir 广泛应用于 Web 网站功能和性能自动化测试。FireWatir

是基于脚本语言 Ruby 编写的，可通过发送 JavaScript 指令，指示内嵌 JSSh 服务器的网络浏览器（例如 Mozilla Firefox）进行网页表单填写、按钮/链接点击，以及网页内容浏览等系列操作。另外，FireWatir 通过 JavaScript 指令还可以方便地操纵浏览器加载网页的 DOM 对象，从而导出网页主体内容，实现网络媒体信息的获取。

（1）基于浏览器模拟实现身份认证与网站信息采集

当前 Web 网站主要通过填写并提交 HTTP 网页上的认证表单，实现网络客户端身份认证。因此，网络媒体信息获取环节可以通过 JSSh 客户端向内嵌 JSSh 服务器的 Firefox 浏览器发送 JavaScript 指令，指示浏览器自动填写网页上的身份认证表单，并点击相应按钮提交身份认证请求。身份认证协商过程即身份认证网络交互过程，是由浏览器自行处理的，整个过程如同正在浏览网络的用户与 Web 网站进行身份认证网络交互。

在身份认证成功后，JSSh 客户端继续向内嵌 JSSh 服务器发送 JavaScript 指令，指示浏览器加载身份认证网站发布信息。浏览器自行完成用于发布信息请求的网络交互，并告知 JSSh 客户端网站发布页面加载完成。在此基础上，JSSh 客户端指示浏览器导出当前加载网页主体内容，并对网页内嵌 URL 逐一进行点击浏览与内容导出，最终完成对于身份认证网站发布信息的获取工作。

1）身份认证表单自动填写。在实现 HTTP 认证网页身份认证表单的自动填写前，首先需要识别身份认证表单元素，即身份认证表单所涉及的 HTTP 对象——用于用户名、密码信息输入的文本框对象类型与对象名称。在此基础上，可以使用已在目标媒体上申请得到的用户名、密码信息，根据脚本语言 Ruby 的语法格式，构建并向 JSSh 服务器发送用于身份认证表单自动填写的 JavaScript 指令，指示内嵌 JSSh 服务器的网络浏览器，从而完成身份认证表单的自动填写。

在基于浏览器模拟实现身份认证表单自动填写的技术实现过程中，只需根据不同网络媒体认证表单元素的区别，构建用于认证表单自动填写的 JavaScript 指令即可。在指示网络浏览器完成认证表单自动填写后，身份认证网络交互过程全部由浏览器自行完成。这与通过网络交互重构实现身份认证与网站发布信息获取期间，需要针对不同网络媒体重构及不同网络交互过程相比，功能实现的复杂度显著降低，技术方案的普适性明显提高。

2）身份认证协商与发布信息获取。在 JSSh 客户端完成身份认证表单自动填写与提交后，网络浏览器转向与 Web 网站进行身份认证协商，这期间不再需要 JSSh 客户端继续参与。在浏览器成功完成网络身份认证后，JSSh 客户端继续指示 JSSh 服务器加载身份认证与网站发布信息，并进一步通过 JavaScript 指令操作所加载网页的文档对象，提取网页主体内容与网页内嵌 URL 信息。内嵌 JSSh 服务器的浏览器在 JSSh 客户端的指示下，逐一浏览并导出当前网页内嵌 URL 所对应的网页主体内容，最终完成身份认证网站发布信息获取工作，如图 2-18 所示。

（2）基于浏览器模拟实现动态网页信息获取

采用浏览器模拟技术进行动态网页发布信息获取，首先需要由 JSSh 客户端通过 JavaScript 指令，指示内嵌 JSSh 服务器的网络浏览器加载动态网页发布信息。在获得网络媒体关于动态网页的响应信息后，浏览器自动完成对于动态网页内各类脚本片段的解析工作，从而获得动态网页所对应的静态网页形态。该阶段不再只是针对具体的脚本语言（例如 JavaScript）进行动态脚本片段解析。凡是能在通用浏览器中正常浏览的动态网页，其包含的任何脚本片段都可以基于浏览器模拟技术实现动态脚本解析。

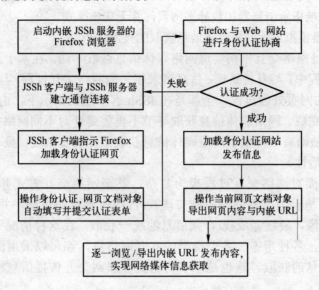

图 2-18　基于浏览器模拟实现身份认证协商与发布信息获取

在此基础上，浏览器进一步通过自身包含的网页排版引擎 Gecko，生成静态网页的 HTML DOM 树。然后 JSSh 客户端可以通过 JavaScript 指令操作静态网页的 HTML DOM 树，逐一导出静态网页及其内嵌 URL 所对应的发布内容，最终完成动态网页发布信息的获取工作，如图 2-19 所示。

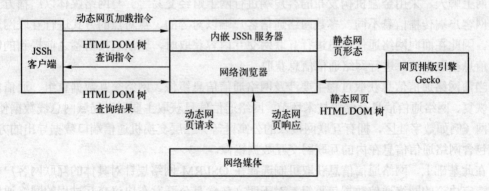

图 2-19　基于浏览器模拟实现动态网页发布信息的获取

在通过 Rhino 实现 JavaScript 动态网页发布信息的获取时，首先需要基于网络交互重构获取动态网页发布内容，并进一步遍历动态网页 HTML DOM 树，提取网页所含 JavaScript 脚本片段。在对 JavaScript 脚本片段中的 HTML DOM 对象实现本地创建后，Rhino 按照动态网页加载过程顺序执行 JavaScript 脚本片段，然后输出动态网页所对应的静态网页形态，最终实现动态脚本解析。

与其对应，在基于浏览器模拟实现动态网页信息获取过程中，动态网页发布内容获取与动态网页脚本片段解析工作全由浏览器自行完成。JSSh 客户端只是通过 JavaScript 指令指示网络浏览器加载动态网页，并在 JSSh 服务器告知与所请求的动态网页对应的静态网页形态加载成功后，继续通过 JavaScript 指令操作当前网页 HTML DOM 树获取动态网页发布信息。整体过程与 JSSh 客户端指示浏览器加载静态网页，并无实质区别。

（3）利用浏览器模拟进行网络媒体信息获取的技术优势

一方面，与通过网络交互重构实现网络媒体信息获取不同，在基于浏览器模拟进行网络媒体信息获取过程中，与身份认证、信息请求相关的网络交互过程，与脚本解析、HTML DOM 树生成相关的网页处理过程，全都是在 JSSh 客户端的指示下，由内嵌 JSSh 服务器的网络浏览器自行完成。网络媒体信息获取环节不再需要针对不同网络媒体，重复实现网络交互重构机制，从而有效降低了网络媒体信息获取工作的复杂度，显著提高了网络媒体信息获取机制的普适性。

另一方面，在面对网络交互过程极为复杂，甚至网络交互方式并未对外公开的视/音频信息时，可以基于浏览器模拟机制实现视/音频内容自动点播，并对正在播放的视/音频流进行屏幕录像，最终完成视/音频信息的统一获取。在这种情况下，所有能够通过网络浏览器得到的，各种形态、各个类型的互联网信息，都可以采用浏览器模拟技术实现网络媒体发布信息的获取，这也是本书将这类互联网公开传播信息统称为网络媒体信息的根本原因。

2.4 网络通信信息获取方案

使用特定客户端进行网络通信时所传输的互联网信息属于网络通信信息，这类信息包含使用客户端软件（例如，Microsoft Outlook、FoxMail 等）收发电子邮件，基于即时通信软件进行网上聊天，采用金融机构发布的客户端进行网上财经交易等。与网络媒体以广播方式向互联网客户端传播信息不同，多数网络通信客户端以对等的、点对点的方式进行互联网通信交互。因此在面向网络通信信息进行互联网交互内容获取时，无法直接借鉴之前提到的网络媒体信息获取方法，进行网络通信信息获取。

当前网络通信信息获取过程主要涉及网络通信信息镜像、网络交互数据重组、通信协议数据恢复、网络通信信息存储等技术环节。网络通信信息获取主要通过局域网总线数据侦听，城域网（例如数字社区，拥有互联网接入的公寓区等）三层交换机通信端口数据导出的方式，实现包含网络通信信息在内的互联网交互数据镜像。

在此基础上，网络通信信息获取机制选择在 OSI/RM 网络层针对具体的互联网客户端，实现特定协议的网络通信数据包重组。对于明文传输且公开发布协议交互过程的网络通信协议，信息获取机制通过协议数据恢复获得通信交互内容，并将其存入网络通信信息库，实现网络通信信息获取，如图 2-20 所示。不过，在网络通信信息通过密文传输的情况下，或者部分网络通信协议尚未公开协议交互过程时，网络信息获取环节无法通过协议数据恢复获得网络通信信息。

需要特别说明的是，在使用特定客户端进行网络通信交互时，所传输的网络信息并不算是互联网公开传播信息。因此在没有得到网络通信当事人或网络监管部门授权的情况下，本书并不建议面向属于个人隐私范畴的网络通信信息进行内容镜像与信息获取尝试。

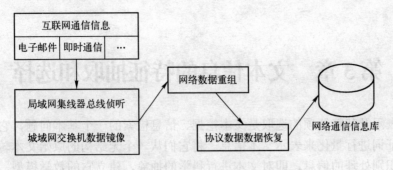

图 2-20   网络通信信息获取流程

2.5   本章小结

随着网络基础建设不断深入、网络通信应用不断普及，互联网已经成为继报纸、广播与电视媒体以后的第 4 大信息发布平台。正是由于这一原因，本节在讲解信息内容的获取时，选择以互联网传播信息作为内容获取的工作对象。根据互联网传播信息是否可以使用通用网络浏览器直接获得，本章将互联网信息分成网络媒体信息与网络通信信息两大类型。

在此基础上，本节主要针对网络媒体信息进行内容获取的一般性原理介绍，并讲解通过网络交互重构实现需要身份认证的静态网络媒体信息获取的方法；基于脚本解释引擎实现动态网页发布信息获取的方法，以及利用浏览器模拟技术对各类网络媒体信息统一，实现信息获取的具体办法。出于章节叙述内容的全面性考虑，本章最后还对于并不属于公开传播范畴的网络通信信息进行了简要内容获取方案介绍。

2.6   习题

1. 简述互联网信息分类，说明网络媒体信息命名方式的由来，并至少基于 4 种划分方法进一步细分网络媒体信息。

2. 简要描述网络媒体信息获取的理想流程，并说明常用的信息判重机制。

3. 分析全网信息获取与定点信息获取的异同点，说明它们各自的适用范围与技术实现难点。

4. 试说明如何基于网络交互重构机制，实现需要身份认证的动态网页发布信息的获取。

5. 描述基于浏览器模拟技术进行网络媒体信息获取过程，分析通过网络交互重构实现网络媒体信息获取的局限性，以及浏览器模拟技术在网络媒体信息获取领域的优势。

6. 简要说明网络通信信息获取方案。

第3章　文本信息的特征抽取和选择

文本的表示及其特征项的选取是文本挖掘、信息检索的一个基本问题，它把从文本中抽取出的特征词进行量化来表示文本信息。将它们从一个无结构的原始文本转化为结构化的计算机可识别处理的信息，即对文本进行科学的抽象，建立它的数学模型，用来描述和替代文本，使计算机能够通过对这种模型的计算和操作来实现对文本的识别。由于文本是非结构化的数据，要想从大量的文本中挖掘有用的信息，就必须首先将文本转化为可处理的结构化形式。

3.1　文本特征的抽取和选择概述

目前，人们通常采用向量空间模型来描述文本向量，但是如果直接用由分词算法和词频统计方法得到的特征项来表示文本向量中的各个维，那么这个向量的维度将是非常的大。这种未经处理的文本向量不仅给后续工作带来了巨大的计算开销，使整个处理过程的效率非常低下，而且会损害分类、聚类算法的精确性，从而使所得到的结果难以令人满意。因此，必须对文本向量做进一步净化处理，在保证原文含义的基础上，找出对文本特征类别最具代表性的文本特征。为了解决这个问题，最有效的办法就是通过特征选择来降维。

有关文本表示的研究主要集中于文本表示模型的选择和特征词算法的选取上。用于表示文本的基本单位通常称为文本的特征或特征项。特征项必须具备以下几种一定的特性：

1）特征项要能够准确标识文本内容。
2）特征项具有将目标文本与其他文本相区分的能力。
3）特征项的个数不能太多。
4）特征项分离要比较容易实现。

在中文文本中可以采用字、词或短语作为表示文本的特征项。相对而言，词比字具有更强的表达能力；而词和短语相比，词的区分难度比短语的区分难度小得多。因此，目前大多数中文文本分类系统都采用词作为特征项，称为特征词。

特征词作为文档的中间表示形式，用来实现文档与文档、文档与用户目标之间的相似度计算。如果把所有的词都作为特征项，那么特征向量的维数将过于巨大，从而导致计算量太大，在这样的情况下，要完成文本分类几乎是不可能的。特征抽取的主要功能是在不损伤文本核心信息的情况下尽量减少要处理的单词数，以此来降低向量空间维数，从而简化计算，提高文本处理的速度和效率。

文本特征选择对文本内容的过滤和分类、聚类处理、自动摘要，以及用户兴趣模式发现、知识发现等相关方面的研究有着非常重要的影响。通常根据某个特征评估函数计算各个特征的评分值，然后按评分值对这些特征进行排序，选取若干个评分值最高的作为特征词，这就是特征抽取（Feature Selection）。

特征选取的方式有以下4种：

1）用映射或变换的方法把原始特征变换为较少的新特征。

2）从原始特征中挑选出一些最具代表性的特征。

3）根据专家的知识挑选最有影响的特征。

4）用数学的方法进行选取，找出最具分类信息的特征，这种方法是一种比较精确的方法，其受人为因素的干扰较少，尤其适用于文本自动分类挖掘系统。

随着网络知识组织、人工智能等学科的发展，文本特征提取将向着数字化、智能化、语义化的方向深入发展，在社会知识管理方面发挥更大的作用。

3.2 语义特征的抽取

根据语义级别由低到高来分，文本语义特征可分为：亚词级别、词级别、多词级别、语义级别和语用级别。其中，应用最为广泛的是词级别。

3.2.1 词级别语义特征

词级别（Word Level）以词作为基本语义特征。词是语言中最小的、可独立运用的、有意义的语言单位，即使在不考虑上下文的情况下，词仍然可以表达一定的语义。以单词作为基本语义特征在文本分类、信息检索系统中工作良好，也是实际应用中最常见的基本语义特征。

在英文文本中以词为基本语义特征的优点之一是易于实现，利用空格与标点符号即可将连续文本划分为词。如果做进一步简化，忽略词之间的逻辑语义关系及词与词之间的顺序，则文本将被映射为一个词袋（bag-of-words），在词袋模型中只有词及其出现的次数被保留下来。图 3-1 为一个转换示例。

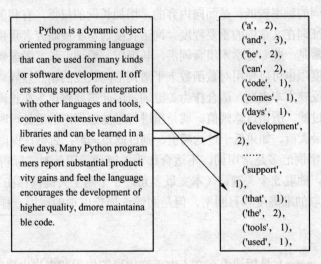

图 3-1　词袋示例

以词为基本语义特征会受到一词多义与多词同义的影响，前者指同一单词可用于描述不同对象，后者指同一事物存在多种描述形式。虽然一词多义与多词同义现象在普通文本信息中并非罕见，且难以在词特征索引级别有效解决，但是这种现象对分类的不良影响却较小，例如英文中常见的"book、bank"等词汇存在一词多义现象，在网络内容安全中判断一个文本是否含有不良信息时并不易受其影响。对使用词作为基本语义特征有较好分类效果，Whorf曾经做过相关分析，认为在语言的进化过程中，词作为语言的基本单位朝着能优化反映表达内容、主题的方向发展，因此词汇有力的表示了分类问题的前沿分布。

当英文以词为特征项时，需要考虑复数、词性、词格、时态等词形变化问题。这些变化形式在一般情况下对于文本分类没有贡献，有效识别其原始形式并合为统一特征项，有利于降低特征数量，并避免单个词被表达为多种形式带来的干扰。

词特征可进行计算的因素有很多，最常用的有词频、词性等。

1. 词频

文本内容中的中频词往往具有代表性，高频词区分能力较小，而低频词或者未出现词常常可以作为关键特征词。所以词频是特征提取中必须考虑的重要因素，并且在不同方法中有不同的应用公式。

2. 词性

在汉语言中，能标识文本特性的往往是文本中的实词，如名词、动词或形容词等。而文本中的一些虚词，如感叹词、介词或连词等，对于标识文本的类别特性并没有贡献，也就是对确定文本类别没有意义。如果把这些对文本分类没有意义的虚词作为文本特征词，将会带来很大影响，从而直接降低文本分类的效率和准确率。因此，在提取文本特征时，应首先考虑剔除这些对文本分类没有用处的虚词；而在实词中，又以名词和动词对文本类别特性的表现力最强，所以可以只提取文本中的名词和动词作为文本的一级特征词。

3. 文档、词语长度

一般情况下，词的长度越短，其语义越泛。通常，中文中较长的词往往反映比较具体、下位的概念；而短的词往往表示相对抽象、上位的概念。短词具有较高的频率和更多的含义，是面向功能的；而长词的频率较低，是面向内容的，增加长词的权重，有利于词汇进行分割，从而更准确地反映特征词在文章中的重要程度。词语长度通常不被研究者重视，但是在实际应用中发现，关键词通常是一些专业学术组合词汇，长度较一般词汇长。考虑候选词的长度，会突出长词的作用。长度项也可以使用对数函数来平滑词汇间长度的剧烈差异。通常来说，长词汇含义更明确，更能反映文本主题，适合作为关键词，因此需要将包含在长词汇中低于一定过滤阈值的短词汇进行过滤。所谓过滤阈值，就是指进行过滤短词汇的后处理时，短词汇的权重和长词汇的权重比的最大值。如果低于过滤阈值，则过滤短词汇；否则，保留短词汇。

根据统计，两字词汇多是常用词，不适合作为关键词，因此对实际得到的两字关键词可以做出限制。比如，抽取 5 个关键词（本文最多允许 3 个两字关键词存在）。这样的后处理无疑会降低关键词抽取的准确度和召回率，但是同候选词长度项的运用一样，人工评价效果将会提高。

4. 词语直径

词语直径（Diameter）是指词语在文本中首次出现的位置和末次出现的位置之间的距离。词语直径是根据实践提出的一种统计特征。根据经验，如果某个词汇在文本开头处提到，在结尾处又提到，那么它对该文本来说将是个很重要的词汇。不过统计结果显示，关键词的直径分布出现了两极分化的趋势，在文本中仅仅出现了 1 次的关键词占全部关键词的 14.184 %，所以词语直径是比较粗糙的度量特征。

5．首次出现位置

Frank 在 Kea 算法中使用候选词首次出现位置（First Location）作为 Bayes 概率计算的一个主要特征，它被称为距离（Distance）。从简单地统计可以发现，关键词一般在文章中较早出现，因此出现位置靠前的候选词应该加大权重。实验数据表明，首次出现位置和词语直径两个特征只选择一个使用就可以了。例如，由于文献数据加工问题导致中国学术期刊全文数据库的全文数据，不仅包含文章本身，而且还包含了作者、作者机构及引文信息。针对这一特点，可以使用首次出现位置这个特征，尽可能减少由全文数据的附加信息所造成的不良影响。

6．词语分布偏差

词语分布偏差（Deviation）所考虑的是词语在文章中的统计分布。在整篇文章中分布均匀的词语通常是重要的词汇。

3.2.2　亚词级别语义特征

亚词级别（Sub-Word Level）也称为字素级别（Graphemic Level）。在英文中比词级别更低的文字组成单位是字母，在汉语中则是单字。

英文有 26 个字母，每个字母有大小写两种形式。英文中大小写的区别并不在于内容方面，因此在表示文本时通常合并大小写形式，以简化处理模型。

1．n 元模型

亚词级别常用的索引方式是 n 元模型（n-Grams）。n 元模型将文本表示为重叠的 n 个连续字母（对应汉语情况为单字）的序列作为特征项。例如，单词"shell"的三元模型为"she"、"hel"和"ell"（考虑前后空格，还包括"_sh"和"ll_"两种情况）。英文中采用 n 元模型有助于降低错误拼写带来的影响：一个较长单词的某个字母拼写错误时，如果以词作为特征项，则错误的拼写形式和正确的词没有任何联系。若采用 n 元模型表示，当 n 小于单词长度时，错误拼写与正确拼写之间会有部分 n 元模型相同；另一方面，考虑到英文中复数、词性、词格、时态等词形变化问题，n 元模型也起到了与降低错误拼写影响的类似作用。

采用 n 元模型时，需要考虑数值 n 的选择问题。当 n<3 时，无法提供足够的区分能力（在此只考虑 26 个字母的情况）；n=3 时，有 $26^3 = 17576$ 个三元组；n=4 时，有 $26^4 = 456976$ 个四元组。n 取值越大，可表示的信息越丰富，随着 n 的增大，特征项数目也以指数函数方式迅速增长。因此，在实际应用中大多取 n 为 3 或 4（随着计算机硬件技术的增长，以及网络的发展对信息流通的促进，已经有 n 取更大数值的实际应用）。仅考虑单词平均长度情况，本文统计一份 GRE 常用词汇表，7444 个单词的平均长度为 7.69；考虑到不同单词在真实文本中出现的频率不同，统计 reuters-21578（路透社语料库），平均长度为 4.98 个字母；考虑到长度较短单词使用频率较高，而拼写错误词汇一般长度较长，可见采用 n=3 或 4 可以部分弥补错误拼写与词形变化带来的干扰，并且有足够的表示能力。

2．多词级别语义特征

多词级别（Multi-Word Level）指用多个词作为文本的特征项，多词可以比词级别表示更多的语义信息。随着时代的发展，一些词组也越来越多的出现，例如英文"machine learning"、"network content security"、"text classification"、"information filtering"等。对于这些术语，采用单词进行表示，会损失一些语义信息，因为短语与单个词在语义方面有较大区别；随着计算机处理能力的快速增长，处理文本的技术也越来越成熟，多词作为特征项也有更大的可行性。

多词级别中一种思路是应用名词短语作为特征项，这种方法也称为 Syntactic Phrase Indexing。另外一种策略则是不考虑词性，只从统计角度根据词之间较高的同现频率（Co-Occur Frequency）来选取特征项。

采用名词短语或者同现高频词作为特征项，需要考虑特征空间的稀疏性问题，词与词可能的组合结果很多，下面仅以两个词的组合为例进行介绍，根据统计，一个网络信息检索原型系统包含的两词特征项就达 10 亿项，而且许多词之间的搭配是没有语义的，绝大多数组合在实际文本中出现频率很低，这些都是影响多词级别索引实用性的因素。

3.2.3 语义与语用级别语义特征

如果我们能获得更高语义层次的处理能力，例如实现语义级别（Semantic Level）或语用级别（Pragmatic Level）的理解，则可以提供更强的文本表示能力，进而得到更理想的文本分类效果。然而在目前阶段，由于还无法通过自然语言理解技术实现对开放文本理想的语义或语用理解，因此相应的索引技术并没有前面的几种方法应用广泛，往往应用在受限领域。在自然语言理解等研究领域取得突破以后，语义级别甚至更高层次的文本索引方法将会有更好的实用性。

3.2.4 汉语的语义特征抽取

1. 汉语分词

汉语是一种孤立语，不同于印欧语系的很多具有曲折变化的语言，汉语的词汇只有一种形式而没有诸如复数等变化。另一方面，汉语不存在显式（类似空格）的词边界标志，因此需要研究中文（汉语和中文对应的概念不完全一致，在不引起混淆的情况下，文本未进行明确区分而依照常用习惯选择使用）文本自动切分为词序列的中文分词技术。中文分词方法最早采用了最大匹配法，即与词表中最长的词优先匹配的方法。根据扫描语句的方向，可以分为正向最大匹配（Maximum Match，MM）、反向最大匹配（Reverse Maximum Match，RMM），以及双向最大匹配（MM）等多种形式。

梁南元的研究结果表明，在词典完备、不借助其他知识的条件下，最大匹配法的错误切分率为 169 字/次～245 字/次。该研究实现于 1987 年，以现在的条件来看当时的实验规模可能偏小，另外如何判定分词结果是否正确，也有较大的主观性。最大匹配法由于思路直观、实现简单、切分速度快等优点，所以应用较为广泛。采用最大匹配法进行分词遇到的基本问题是切分歧义的消除问题和未登录词（新词）的识别问题。

为了消除歧义，研究人员尝试了多种人工智能领域的方法：如松弛法、扩充转移网络法、短语结构文法、专家系统法、神经网络法、有限状态机方法、隐马尔科夫模型、Brill 式转换法。这些分词方法从不同角度总结歧义产生的可能原因，并尝试建立歧义消除模型，也达到了一定的准确程度。然而由于这些方法未能实现对中文词的真正理解，也没有找到一个可以妥善处理各种分词相关语言现象的机制，因此目前尚没有广泛认可的完善歧义消除方法。

未登录词识别是中文分词时遇到的另一个难题，未登录词也称为新词，是指分词时所用词典中未包含的词，常见有人名、地名、机构名称等专有名词，以及相关领域的专业术语。这些词不包含在分词词典中又对分类有贡献，就需要考虑如何进行有效识别。孙茂松、邹嘉彦的相关研究指出在通用领域文本中，未登录词对分词精度的影响超过了歧义切分。

未登录词识别可以从统计和专家系统两个角度进行：统计方法从大规模语料中获取高频连续汉字串，作为可能的新词；专家系统方法则是从各类专有名词库中总结相关类别新词的构建特征、上下文特点等规则。当前对未登录词的识别研究，相对于歧义消除来说更不成熟。

孙茂松、邹嘉彦认为分词问题的解决方向是建设规模大，精度高的中文语料资源，以此作为进一步提高分词技术的研究基础。

对于文本分类应用的分词问题，还需要考虑分词颗粒度问题。该问题考虑存在词汇嵌套情况时的处理策略。例如，"文本分类"可以看做是一个单独的词，也可以看做是"文本、分类"两个词。应该依据具体的应用来确定分词颗粒度。

2. 汉语亚词

在亚词级别，汉语处理也与英语存在一些不同之处，一方面，汉语中比词级别更低的文字组成部分是字，与英文中单词含有的字母数量相比偏少，词长度以 2~4 个字为主。对搜狗输入法中 34 万条词表进行统计，不同长度词所占词表比例分别为两字词 35.57%，三字词 33.98%，四字词 27.37%，其余长度共 3.08%。

另一方面，汉语包含的汉字数量远远多于英文字母数量，GB 2312—1980 标准共收录 6763 个常用汉字（GB 2312—1980 另有 682 个其他符号，GB 18030—2005 标准收录了 27484 个汉字，同时还收录了藏文、蒙文、维吾尔文等主要的少数民族文字），该标准还是属于收录汉字较少的编码标准。在实际计算中，汉语的二元模型已超过了英文中 5 元模型的组合数量，即 $6763^2(45738169) > 26^5(11881376)$。

因此，汉语采用 n 元模型就陷入了一个两难境地：n 较小时（n=1），缺乏足够的语义表达能力；n 较大时（n=2 或 3），则不仅计算困难，而且 n 的取值已经使得 n 元模型的长度达到甚至超过词的长度，又失去了英语中用于弥补错误拼写的功能。因此汉语的 n 元模型往往用于其他用途，在中文信息处理中，可以利用二元或三元汉字模型来进行词的统计识别，这种做法基于一个假使，即词内字串高频同现，但并不组止词的字串低频出现。

在网络内容安全中，n 元模型也有重要的应用，对于不可信来源的文本可以采用二元分词方法（即二元汉字模型），例如"一二三四"的二元分词结果为"一二"、"二三"和"三四"。这种表示方法，可以在一定程度上消除信息发布者故意利用常用分词的切分结果来躲避过滤的情况。

3.3 特征子集选择

特征子集选择从原有输入空间，即抽取出的所有特征项的集合，选择一个子集合组成新的输入空间。输入空间也称为特征集合。选择的标准是要求这个子集尽可能完整的保留文本类别区分能力，而舍弃那些对文本分类无贡献的特征项。

机器学习领域存在多种特征选择方法，Guyon 等人对特征子集选择进行了详尽讨论，分析比较了目前常用的 3 种特征选择方式：过滤（filter）、组合（wrappers）与嵌入（embedded）。文本分类问题由于训练样本多、特征维数高等特点，决定了在实际应用中以过滤方式为主，并且采用评级方式（Single Feature Ranking），即对每个特征项进行单独的判断，以决定该特征项是否会保留下来，而没有考虑其他更全面的搜索方式，以降低运算量。在对所有特征项进行单独评价后，可以选择给定评价函数大于某个阈值的子集组成新的特征集合，也可以评价函数值最大的特定数量特征项来组成特征集。

特征子集选择涉及文本中的定量信息，一些相关参数定义如表 3-1 所示。

表 3-1　文档及特征项各参数含义

N	训练样本数
n_{c_i}	c_i 类别包含的训练样本数
$n(t)$	包含特征项 t 至少一次的训练样本数
$\bar{n}(t)$	不包含特征项 t 的训练样本数
$n_{c_i}(t)$	c_i 类别包含特征项 t 至少一次的训练样本数
$\bar{n}_{c_i}(t)$	c_i 类别不包含特征项 t 的训练样本数
tf	所有训练样本中所有特征项出现的总次数
tf(t)	特征项 t 在所有训练样本中出现的次数
$tf_{d_j}(t)$	特征项 t 在文档 d_j 中出现的次数

很容易可知，参数间满足如下关系：

$$n = \sum_{i=1}^{k} n_{c_i} \qquad (3-1)$$

$$n(t) = \sum_{i=1}^{k} n_{c_i}(t) \qquad (3-2)$$

式（3-1）表示样本总数等于各类别样本数之和。式（3-2）表示只包含任一特征项 t 的样本集合，也满足类似关系。

$$n = n(t) + \bar{n}(t) \qquad (3-3)$$

$$n_{c_i} = n_{c_i}(t) + \bar{n}_{c_i}(t) \qquad (3-4)$$

式（3-3）表示 n(t) 和 $\bar{n}(t)$ 互补，式（3-4）表示这种关系也适用于任意给定文本类别。

$$tf = \sum_{i=1}^{\hat{m}} tf(t_i) \qquad (3-5)$$

$$tf(t) = \sum_{j=1}^{n} tf_{d_j}(t) \qquad (3-6)$$

式（3-5）和式（3-6）给出了 tf 和 tf(t) 的计算方法。

利用这些参数，结合统计、信息论等学科，即可进行特征子集选择，最简单的方式是停用词过滤。

3.3.1　停用词过滤

停用词过滤（Stop Word Elimination）基于对自然语言的观察，存在着一些几乎在所有样本中出现，但是对分类没有贡献的特征项。例如，当以词作为特征项时，英语中的冠词、介词、连词和代词等。这些词的作用在于连接其他表示实际内容的词，以组成结构完整的语句。

停用词词表可以手工建立，也可以通过统计自动生成。英语领域有手工建立领域无关和面向具体领域的停用词词表，一般停用词表中含有数十到数百个停用词，汉语的停用词表较英语可用资源少一些。对于特征项抽取时采用亚词级别的 n 元模型情况，应当先进行停用词过滤，然后再对文本内容进行 n 元模型构建。对于多词级别采用相邻词构成特征项的情况，也可先进行停用词去除。

除手工建立停用词词表外，还可采用统计方法，统计某一个特征项 t 在训练样本中出现的频率（n(t) 或 tf(t)），当达到限定阈值后则认为该特征项在所有类别或大多数文本中频繁出现，对分类没有贡献能力，因此作为停用词而被去除。

针对具体应用还可以建立相关领域的停用词表，或者用于调整领域的无关停用词表。例如，汉字的"的"字，通常可以作为停用词，但在某些领域，有可能"的"字是某个专有名词的一部分，这时就需要将其从停用词表中去除，或调整停用策略。

3.3.2　文档频率阈值法

文档频率阈值法（Document Frequency Threshold）用于去除训练样本集中出现频率较低的特征项，该方法也称 DF 法。对于特征项 t，如果包含该特征项的样本数 n(t) 小于设定的阈值 δ，则去除该特征项 t。通过调节 δ 值能显著地影响可去除的特征项数。

文档频率阈值方法基于如下猜想：如果一个作者在写作时，经常重复某一个词，则说明作者有意强调该词，该词同文章主题有较强的相关性，从而也说明这个词对标识文本类别的重要性；另外不仅在理论上可以认为低频词和文本主题、分类类别相关程度不大，在实际计算中，低频词由于出现次数过低，也无法保证统计意义上的可信度。

语言学领域存在一个与此相关的统计规律是齐夫定律（Zipf Laws）。美国语言学家 Zipf 在研究英文单词统计规律时，发现将单词按照出现的频率由高到低排列，每个单词出现的频率 rank(t) 与其序号 n(t) 存在近似反比关系：

$$rank(t) \cdot TF(t) \approx C \tag{3-7}$$

中文也存在类似规律，对新浪滚动新闻的 133577 篇新闻的分词结果进行统计，结果见图 3-2，其中 x 轴表示按照词频（特征项频率）逆序排列的序号，y 轴表示该特征项出现的次数。

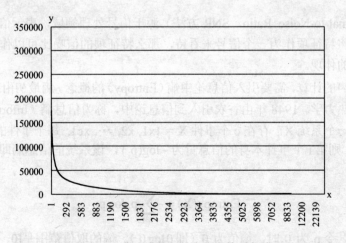

图 3-2　一个中文语料的齐夫定律现象验证

这个规律说明在训练样本集中大多数词低频出现（由于这一特点，这一语言规律也被称为长尾现象（Long Tail）），解释了文档频率阈值法只需不太大的阈值，就能够明显降低维数的原因。另外，对于出现次数较多的项，有可能属于停用词性质，也应当去除。因此，对于汉语没有成熟的停用词词表，尤其对于网络内容安全相关的停用词表情况，单纯使用文档频率阈值法会包含一些频率较高而对分类贡献较小的特征项。

3.3.3　TF-IDF

TF-IDF（Term Frequency - Inverse Document Frequency，特征项频率–逆文本频率指数）可以看做是文档频率阈值法的补充与改进。文档频率阈值法认为，出现次数很少的特征项对分类贡献不大，可以去除。TF-IDF 方法则结合考虑两个部分，第一部分认为，出现次数较多的特征项对分类贡献较大；第二部分认为，如果一个特征项在训练样本集中的大多数样本中都出现，则该特征项对分类贡献不大，应当去除。

一个直观的特例：如果一个特征项 t 在所有样本中都出现，这时有 n(t) = n，保留 t 作为特征，特征值采取二进制值表示方式时（特征出现时，特征值为 1；特征不出现时，特征值为 0），则该特征没有任何分类贡献，因为对应任一样本，该特征项都取 1，所以应当去除该特征。

第一部分可以用 TF(t) 来表示；第二部分采用逆文本频率指数来表示，一个特征项 t 的逆文本频率指数 IDF(t) 由样本总数与包含该特征项文档数决定，可得：

$$IDF(t) = \log \frac{n}{n(t)} \tag{3-8}$$

第一部分和第二部分都满足取值越大时，该特征对类别区分能力越强，取两者乘积作为该特征项 TF-IDF 值，可得：

$$TF\text{-}IDF(t) = TF(t) \cdot IDF(t) = n(t) \cdot \log \frac{n}{n(t)} \tag{3-9}$$

一般停用词第一部分取值较高，而第二部分取值较低，因此 TF-IDF 等价于停用词和文档频率阈值法两者的综合。

3.3.4　信噪比

信噪比（Signal-to-Noise Ratio，SNR 方法）源于信号处理领域，表示信号强度与背景噪音的差值。如果将特征项作为一个信号来看待，那么特征项的信噪比可以作为该特征项对文本类别区分能力的体现。

信号背景噪声的计算，需要引入信息论中熵（Entropy）的概念。熵最初由克劳修斯在 1864 年提出并应用于热力学。1948 年由香农引入到信息论中，称为信息熵（Information Entropy），其定义为如果有一个系统 X，存在 c 个事件 X = {x1, x2, ···, xc}，每个事件的概率分布为 P = {p1, p2, ···, pc}，则第 i 个事件本身的信息量为 $-\log(p_i)$，该系统的信息熵即为整个系统的平均信息量。可得：

$$Entropy(X) = -\sum_{i=1}^{c} p_i \log p_i \tag{3-10}$$

为方便计算，令 p_i 为 0 时，熵值为 0（即 0log0）。熵的取值范围是[0, logc]，当 X 以 100% 的概率取某个特定事件，其他事件概率为 0 时，熵取得最小值 0；当各事件的概率分布越趋于相同时，熵的值越大；当所有事件趋于可能性发生时，熵取最大值 logc。根据熵的概念，定义特征项的噪声：

$$Noise(t) = -\sum_{j=1}^{n} P(d_j, t) \log P(d_j, t) \quad (3-11)$$

式中，$P(d_j, t) = \dfrac{TF_{d_j}(t)}{TF(t)}$ 表示了特征项 t 出现在样本 d_j 中的可能性，特征项 t 的噪音函数取值范围为 $[0, \log n]$，当特征项 t 集中出现在单个样本内时，取得最小值 0；当特征项 t 以等可能性出现在所有（n 个）样本中时，取得最大值 $\log(n)$，这符合越集中在较少样本中，特征项为噪声可能性越小的直观认识。相应特征项 t 的信号值若用 $\log TF(t)$ 来表示，可得信噪比计算公式：

$$SNR(t) = \log TF(t) - Noise(t)$$
$$= \log TF(t) + \sum_{j=1}^{n} P(d_j, t) \log P(d_j, t) \quad (3-12)$$

信噪比取值范围为 $[0, \log TF(t)]$，当且仅当特征项 t 在全部（n 个）样本中均出现 1 次时，取得最小值 0，表明这种情况下当前特征项 t 是一个完全的噪音，没有任何分类贡献能力；当特征项 t 集中出现在一个样本内时，取得最大值 $\log TF(t)$。

计算信噪比时未考虑样本所属类别，当特征项只出现在较少样本时，信噪比较高。如果这些文本基本属于同一类别，则表明该特征项是一个有类别区分能力的特征；如果不满足这种分布情况，则特征项的信噪比取值较大时也不表明其有较好的类别区分能力。

3.3.5 信息增益

信息增益（Information Gain，简记为 Gain）是机器学习领域，尤其是构建决策树分类器时，常采用的特征选择方法。信息增益也利用到信息熵的概念，依据特征项与类别标签之间的统计关系作为评价指标，定义 C 为从训练样本集中随机选取单个样本时，其所属类别的随机变量。对 k 类分类问题，C 的信息熵为

$$Entropy(C) = -\sum_{i=1}^{k} P(c_i) \log P(c_i) \quad (3-13)$$

其中，$P(c_i) = \dfrac{n_{c_i}}{n}$ 表示任取一个训练样本时，属于类别 c_i 的概率。

对于随机事件 C，每次抽取到的样本，可能包含特征项 t，也可能不包含特征项 t（记为 $\bar{t}$），定义 T 为该随机变量，C 关于 T 的条件信息熵为

$$Entropy(C|T) = P(t)Entropy(C|t) + P(\bar{t})Entropy(C|\bar{t})$$
$$= -P(t)\sum_{i=1}^{k} P(c_i|t) \log P(c_i|t) - P(\bar{t})\sum_{i=1}^{k} P(c_i|\bar{t}) \log P(c_i|\bar{t}) \quad (3-14)$$

其中，$P(t) = \dfrac{n(t)}{n}$ 表示任取一个训练样本包含特征项 t 的概率。同理有 $P(\bar{t}) = \dfrac{\bar{n}(t)}{n}$，条件概率 $P(c_i|t) = \dfrac{n_{c_i}(t)}{n(t)}$，则 $P(c_i|\bar{t}) = \dfrac{\bar{n}_{c_i}(t)}{\bar{n}(t)}$。

特征项 t 的信息增益定义为随机变量 C 的熵与 C 关于 T 的条件信息熵之差：

$$Gain(t) = Entropy(C) - Entropy(C|T)$$
$$= \sum_{i=1}^{k} P(c_i, t) \log \frac{P(c_i, t)}{P(c_i)P(t)} - \sum_{i=1}^{k} P(c_i, \bar{t}) \log \frac{P(c_i, \bar{t})}{P(c_i)P(\bar{t})} \quad (3-15)$$

式中，$P(c_i, t)$ 表示任取一个训练样本时，包含特征项 t 且类别为 c_i 时的概率，依照概率定义可计算为 $P(c_i, t) = \dfrac{n_{c_i}(t)}{n}$。同理有 $P(c_i, \bar{t}) = \dfrac{\bar{n}_{c_i}(t)}{n}$。

信息增益值小的特征项 t 被认为对分类贡献能力小而去除。信息增益也称为平均互信息（Average Mutual Information），考虑的是一个特征项多类分类时的情况，当分类类别大于两类（$k > 2$）时，互信息（Mutual Information）会将 k 类分类问题转换为 k 个两类分类问题，且每个两类分类问题都是分类原来一个类别标签 c_i 和一个非 c_i 类别标签。在 k 个两类分类问题计算信息增益后，可以选择 k 个类别中信息增益值都比较大的特征项作为特征。根据网络内容安全中的实际应用需求，我们将研究重点集中在两类分类问题上，因此未讨论多类别时的其他变形计算方式。

3.3.6 卡方统计

卡方统计（Chi-Square Statistic）的判断依据是特征项与类别标签的相关程度，记为 χ^2。χ^2 认为一个特征项与某个类别，如果满足同时出现的情况，则说明该特征项能比较好地代表该类别。

对于两类分类问题，特征项 t 的卡方统计为

$$\chi^2 = \frac{n(n_{c_1}(t)\bar{n}_{c_2}(t) - \bar{n}_{c_1}(t)n_{c_2}(t))^2}{n_{c_1}n_{c_2}n(t)\bar{n}(t)} \tag{3-16}$$

当特征项 t 在全部样本($n(t)=n$)出现时，认为该特征项无分类区分能力，定义其计算结果为 0；当 $n(t) < n$ 时，χ^2 取值范围为$[0,n]$；当 t 与 c_1 之间分布独立时（对两类分类问题，t 与 c_1 不相关等价于 t 与 c_2 不相关命题），取得最小值 0；可见，t 越集中分布在单个类别中，χ^2 取值越大。

3.4 特征重构

特征重构以特征项集合为输入，利用对特征项的组合或转换生成新的特征集合作为输出。一方面，特征重构要求输出的特征数量要远远少于输入的数量，以达到降维目的；另一方面，转换后的特征集合应当尽可能的保留原有类别区分能力，以实现有效分类。与特征子集选择相比较，特征重构生成的新特征项不要求对应原有的特征项，新特征项可以是由原来单个或多个特征项经某种映射关系转换而成的。这种转换规则需要保存下来，以便于对新的样本也进行同样的转换，以得到该样本所对应特征重构情况的表示形式。

特征重构有基于语义的方法，如词干与知识库方法；也有基于统计等数学方法，如潜在语义索引。

3.4.1 词干

由于英文存在词形变化情况，词干方法（Stemming）在英文文本处理中应用较为广泛。从分类角度考察，这些变化对类别区分贡献较小，因此词干方法的目的是将变化的形式与其原形式合并为单个特征项，从而有效降低特征项维数。英文中这些变化通常表现为词的后缀部分的变化，因此实际常用的解决方式是采用简保留词前面的主体部分（去除后缀），这样处理可以得到比较理想的结果。M.F.Porter 早在 1979 年就提出一种算法，并一直在其主页（http://www.tartarus.org/~

martin/PorterStemmer/）上进行维护，先后完善了多种编程语言的实现。他对各种不同的词干算法进行了综述，并在原先基础上的继续研究，认为进行词干处理对系统性能提高有限。

当采用 n 元模型作为特征项时，应当在构建 n 元模型前进行词干处理。

3.4.2 知识库

词干方法从词形变化方面进行降维，而知识库（Thesaurus）方法则从词义角度进行降维。自然语言中存在同义词和近义词现象，知识库可以构建这种关系的表达，以将其聚合在一起，从而实现降维。通常，知识库可以表示为一些词及这些词之间的关系，常用的关系有同义、近义方面，或者包含范围大小方面等关系。通用领域内研究较早、应用较为广泛的知识库，有 面 向 英 文 的 WordNet（http://wordnet.princeton.edu/ ）与面向中文的"知网"（http://www.keenage.com/）。

知识库的构建往往需要手工进行建设，还需要维护更新，以便于添加新的、去除过时或修正错误内容等，以及根据具体的应用设定相应的各种映射规则。需要大量人力消耗限制了知识库方式的自动实现程度与使用范围。

近年来，一种多人协作的写作方式 Wiki 发展迅速。Wiki 站点可以有多人（甚至任何访问者）维护，每个人都可以发表自己的意见，或者对共同的主题进行扩展及探讨。Wiki 指一种超文本系统。这种超文本系统支持面向社群的协作式写作，同时包括一组支持这种写作的辅助工具。以 Wikipedia（http://zh.wikipedia.org/）为代表的 Wiki 网站，已经达到相当数量的信息积累，不仅在更新速度、信息容量方面比以往的个人维护或专家集体创作的百科全书有明显优势，在信息质量方面也经受了实践的检验与认可。利用 Wiki 来辅助自然语言处理及文本分类，也有相关研究，它是知识库方式的新形势，且有较大的实际意义。

3.4.3 潜在语义索引

20 世纪 80 年代 M.W.Berry 和 S.T.Dumais 提出了一种新的信息检索模型：潜在语义索引（Latent Semantic Indexing，LSI）模型。该模型对利用向量空间模型（Vector Space Model，VSM）表示文本时遇到的困难问题进行回答，很快在信息检索、信息过滤、特征降维等领域获得广泛应用，并有多种 LSI/SVD 实现。

VSM 将一篇文本表示为向量空间中的一个向量，不仅比复杂的语义表示结构易于实现，而且适合作为信息检索，用于机器学习领域的输入形式。因此，它作为文本表示的基础模型而得以广泛应用。然而 VSM 模型认为，各特征项之间独立分布（不相关），这一要求在自然语言领域内往往无法得到保证。以词为例，各个词之间并不是毫无关系，而是关系极为复杂（简单的，如存在一词多义和多词同义、近义现象）。从理论上来说，若能将多义词按照不同含义分为多个特征项，将多个同义词合并为一个特征项，对于信息过滤和文本分类等应用会产生正面影响。在实际应用中，并不容易正确区分各种同义和多义现象，而且对于更复杂的词之间的关系，也没有简单的一分为多或多合为一的直观解决方法。可以说，这些是知识库方法面临的另外一个实用性限制。

LSI 模型则以大规模的语料为基础，通过使用线性代数中对矩阵进行奇异值分解（Singular Value Decomposition，SVD）的方法，实现了一种词与词之间潜在语义的表示方式。同时，克服了手工构建知识库耗费大量人力物力，以及难以表达显式关系等缺点。

矩阵进行奇异值分解过程：设 A 是秩为 r 的 $m \times n$ 矩阵，则存在 m 阶正交矩阵（正交矩阵是指转置矩阵为自身逆矩阵的方阵）。U 和 n 阶正交矩阵 V，使 A 可分解为 $A = U\Sigma V^T$，其中 V^T 表示矩阵 V 的转置矩阵；Σ 为对角矩阵，$\Sigma = diag(\sigma_1, \sigma_2, \cdots, \sigma_r, 0, \cdots 0)$，且有 $\sigma_1 \geqslant \sigma_i \geqslant \sigma_r$。$\sigma_i$（$i = 1, 2, \cdots, r$）为矩阵 A 的奇异值。U，V 的列向量，分别称为 A 的左、右奇异向量。

SVD 分解可以用于求解原矩阵 A 的近似矩阵。方法是选择一个 k 值（k<r），Σ 只保留前 k 个比较大的奇异值组成新的对角阵 Σ_k（保留奇异值从大到小顺序），U 和 V 只保留前 k 列，分别记为 U_k, V_k，则通过计算 $U_k \Sigma_k V_k^T$ 得到 A 的近似矩阵 A_k，如图 3-3 所示。

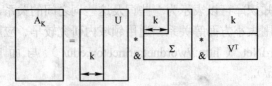

图 3-3　A_k 的计算示意图

新矩阵 A_k 是 A 的一个 k 秩近似矩阵，它在最小平方意义下最接近原矩阵，潜在语义索引认为 A_k 包含了 A 的主要结构信息，而忽略那些数值很小的奇异值，从而实现降维。对于文本分类问题来说，矩阵 A 表示特征项-样本矩阵，每一个列向量表示了一个样本中各特征项的权重，行向量表示了一个特征项在各文本中的权重。通过 SVD 分解，特征项-样本矩阵从 A 转换为 A_k，从而实现了降维，不仅去除了对分类影响很小的特征项，而且近似的特征项被合并。如同义词，在 k 维空间中有相似的表示，并且出现在相似文档中的特征项也是近似的，即使它们并未出现在同一个文档中。原向量空间模型中文档 d 经过 LSI 模型转换为 $\hat{d}$，转换公式为

$$\hat{d} = d^T U_k \Sigma_k^{-1} \tag{3-17}$$

LSI 构造了特征项之间潜在的语义关系空间。下面以一个实例说明具体的计算过程，其训练数据来自 SIAM review 的一篇书评文章中的书名，如表 3-2 所示。

表 3-2　SIAM review 书评中所涉及书名

Name	Title
B1	A Course on Integral Equations
B2	Attractors for Semigroups and Evolution Equations
B3	Automatic Differentiation of Algorithms: Theory, Implementation, and Applications
B4	Geometrical Aspects of Partial Differential Equations
B5	Ideals, Varieties, and Algorithms – An Introduction to Computational Algebraic Geometry and Commutative Algebra
B6	Introduction to Hamiltonian Dynamical Systems and the N-Body Problem
B7	Knapsack Problems: Algorithms and Computer Implementations
B8	Methods of Solving Singular Systems of Ordinary Differential Equations
B9	Nonlinear Systems
B10	Ordinary Differential Equations
B11	Oscillation Theory for Neutral Differential Equations with Delay
B12	Oscillation Theory of Delay Differential Equations
B13	Pseudodifferential Operators and Nonlinear Partial Differential Equations
B14	Sinc Methods for Quadrature and Differential Equations

Name	Title
B15	Stability of Stochastic <u>Differential</u> <u>Equations</u> with Respect to Semi-Martingales
B16	The Boundary <u>Integral</u> Approach to Static and Dynamic Contact <u>Problems</u>
B17	The Double Mellin-Barnes Type <u>Integrals</u> and their <u>Applications</u> to Convolution <u>Theory</u>

其中有下画线的词，表明其至少在两本书的书名中出现过，去除只出现一次的低频词，组成特征项-文本矩阵，如表 3-3 所示。

表 3-3　16×17 维特征项-文本矩阵

Terms	Documents																
	B1	B2	B3	B4	B5	B6	B7	B8	B9	B10	B11	B12	B13	B14	B15	B16	B17
Algorithms	0	0	1	0	1	0	1	0	0	0	0	0	0	0	0	0	0
Application	0	0	1	0	0	0	0	0	0	0	0	0	0	0	0	0	1
Delay	0	0	0	0	0	0	0	0	0	1	1	0	0	0	0	0	0
Differential	0	0	0	1	0	0	0	1	0	1	1	1	1	1	1	0	0
Equations	1	1	0	1	0	0	0	1	0	1	1	1	1	1	1	0	0
Implementation	0	0	1	0	0	0	1	0	0	0	0	0	0	0	0	0	0
Integral	1	0	0	0	0	0	0	0	0	0	0	0	0	0	0	1	1
Introduction	0	0	0	0	1	1	0	0	0	0	0	0	0	0	0	0	0
Methods	0	0	0	0	0	0	1	0	0	0	0	0	1	0	0	0	0
Nonlinear	0	0	0	0	0	0	0	1	0	0	0	1	0	0	0	0	0
Ordinary	0	0	0	0	0	0	1	0	1	0	0	0	0	0	0	0	0
Oscillation	0	0	0	0	0	0	0	0	0	1	1	0	0	0	0	0	0
Partial	0	0	0	1	0	0	0	0	0	0	0	0	1	0	0	0	0
Problem	0	0	0	0	1	1	0	0	0	0	0	0	0	0	0	1	0
Systems	0	0	0	0	0	1	0	1	0	1	0	0	0	0	0	0	0
Theory	0	0	1	0	0	0	0	0	0	0	1	1	0	0	0	0	1

对表 3-3 所表示的特征项-文本矩阵进行奇异值分解，只保留最大的两个奇异值（k=2），得到 U_k，Σ_k 为

$$
U_k = \begin{pmatrix}
0.0159 & -0.4317 \\
0.0266 & -0.3756 \\
0.1785 & -0.1692 \\
0.6014 & 0.1187 \\
0.6691 & 0.1209 \\
0.0148 & -0.3603 \\
0.0520 & -0.2248 \\
0.0066 & -0.1120 \\
0.1503 & 0.1127 \\
0.0813 & 0.0672 \\
0.1503 & 0.1127 \\
0.1785 & -0.1692 \\
0.1415 & 0.0974 \\
0.0105 & -0.2363 \\
0.0952 & 0.0399 \\
0.2051 & -0.5448
\end{pmatrix}
\quad
\Sigma_k = \begin{pmatrix}
4.5314 & 0 \\
0 & 2.7582
\end{pmatrix}
$$

以信息检索方面的应用为例，一个查询 q 为 "Application Theory"，对应原始向量空间模型为 $q = [0\,1\,0\,0\,0\,0\,0\,0\,0\,0\,0\,0\,0\,0\,0\,1]$，利用查询 q 从原来的 17 本书中查询相关书的问题可以转化为如下问题：即认为查询 q 也是一本书（或者说是书名，因为例子中以书名代表书的内容），任务就转换为判断有哪些书和 q 比较近似。根据式（3-17）进行降维，结果为 $\hat{q} = q^T U_k \Sigma_k^{-1} = [0.0511 \quad -0.3337]$。至此，就完成了 $q \sim \hat{q}$ 的降维过程，然后根据 cos 相似度即可计算 $\hat{q}$ 和各文档之间的相似程度。

LSI 模型有着良好的降维性能，对特征项之间的潜在关系有着优秀的表达能力，这是 LSI 的优点所在。LSI 模型也存在一些在应用时需要注意的不足之处，如转换结果不直观、矩阵分解运算量大、动态更新需重新运算等。随着 LSI 相关研究的深入，部分不足正逐渐得以解决，如奇异值分解的并行算法有助于实现更大规模的矩阵奇异值分解。

3.5　向量生成

上述特征项抽取及特征选择环节回答了文本表示的一个基本问题：选择适合作为表示文本的特征项集合；而向量生成（Vector Generation）环节回答了文本表示的另一个基本问题：给这些特征项赋予合适的权重。与向量生成相关的一些参数定义：设共有 m 项 $(t_1, \cdots, t_m)$ 特征，对给定样本 d，由每一个特征出现的频率次数组成特征频率向量 $DT_F = (TF_D(t_1), \cdots, TF_D(t_m))T$，其中 $TF_d(t_i)$ 表示特征 t_i 在样本 d 中出现的次数，向量生成环节研究在此基础上的权重向量 $d = (w(d, t_1), \cdots, w(d, t_m))T$。

Salton 认为，一个样本中某特征项的权重由局部系数、全局系数和正规化系数 3 部分组成。即

$$w(d, t) = \frac{w_1(d, t) w_g(t)}{w_n(d)}$$

3.5.1　局部系数

局部系数（Local Component）$w_1(d, t)$，表示特征 t 对当前样本 d 的直接影响。一般认为在样本 d 中一个特征 t 出现的次数越多，则 t 对 d 的影响越大。常用局部系数方式见表 3-4。

表 3-4　常用局部系数

简　记	计 算 方 法	说　　明
n	$w_1(d, t) = TF_d(t)$	n 表示无转换（No Conversion）
b	$w_1(d, t) = \begin{cases} 1 & TF_d(t) > 0 \\ 0 \end{cases}$	二进制值表示（Binary Term Indicator）
m	$w_1(d, t) = \dfrac{TF_d(t)}{TF_d(t_{max})}$	t_{max} 表示样本 d 中单个特征出现最多的次数
a	$w_1(d, t) = \dfrac{1}{2} + \dfrac{1}{2} \dfrac{TF_d(t)}{TF_d(t_{max})}$	增大（Augment）m 方式结果，m 方式的变形，由[0,1]至[0.5,1]
1	$w_1(d, t) = \begin{cases} 1 + \log TF_d(t) & TF_d(t) > 0 \\ 0 \end{cases}$	对数（Logarithm）运算

3.5.2 全局系数

全局系数（Global Component）$w_g(t)$考虑特征 t 在整个训练样本中的重要性，包含特征 t 的文档数较少时，特征 t 比较有分类区分能力，应给予较大权重。常用全局系数方式见表 3-5。

表 3-5 常用全局系数

简 记	计 算 方 法	说　明
t	$w_g(t) = \log \dfrac{n}{n(t)}$	即 TF-IDF 中 IDF
p	$w_g(t) = \log \dfrac{\bar{n}}{n(t)}$	$\bar{n}(t) = n - n(t)$，t 方式的变形
n	$w_g(t) = 1$	不考虑全局因素

3.5.3 规范化系数

规范化系数（Normalization Component）用于调节权重的取值范围，一种常见的方式是将所有的权重向量的取值范围映射到[0,1]区间。常用规范化系数方式见表 3-6。

表 3-6 常用规范化系数

简 　 记	计 算 方 法	说　明
n	$w_n(d) = 1$	不考虑规范化系数
s	$w_n(d) = \sum\limits_{i=1}^{m} w_1(d, t_i) w_g(d, t_i)$	单个样本的所有权重之和调节为 1
c	$w_n(d) = \sqrt{\sum\limits_{i=1}^{m} (w_1(d, t_i), w_g(d, t_i))^2}$	单个样本所有权重的平方和为 1

3.5.4 几种常见的组合方式

三个部分各自选择一种方式，可以组合出一种向量表示方法，通常以所采用的 3 部分方法的简写作为标示。

例如，NNN 方式就是以特征频率（Team Frequency,TF）作为权重的方式，其计算公式为

$$w_{TF}(d, t) = TF_d(t)$$

NTN 方式对应于常用 TF-IDF 表示方法，其计算公式为

$$w_{TF\text{-}IDF}(d, t) = TF_d(t) \log \frac{n}{n(t)}$$

BNN 方式是一种常用的样本二进制值表示（Binary Representation）方式，其计算公式为

$$w_{bin}(d, t) = \begin{cases} 1 & TF_D(t) > 0 \\ 0 \end{cases}$$

LTC 方式被认为是一种表现能力较强的表示方式，其计算公式为

$$w_{LTC}(d,t) = \begin{cases} \dfrac{(1+\log TF_d(t))\log\dfrac{n}{n(t)}}{\sqrt{\displaystyle\sum_{i=1}^{m}((1+\log TF_d(t))\log\dfrac{n}{n(t)})^2}} & TF_d(t)>0 \\[20pt] 0 \end{cases}$$

尽管每种方法都有它的特点，适用于不同的分类算法。总的来说，LTC 方式的缺点是计算量较大，BNN 方式计算量较小，但结构简单，只需知道特征集合和当前文档，即可计算表示方法，适用于 Naive Bayes 等面向二进制值属性的分类方法。

值得注意的是，如果某些特征权重过大，容易使得单个特征掩盖其他特征对分类的贡献，尤其是在网络内容安全领域，这会导致分类结果的不稳定性。因此有时使用复杂的权重表示方式时，分类结果相对简单的二进制值特征表示方式并无优势。

3.6 本章小结

通过文本表示，一篇文本可以转换为适合文本分类算法的输入形式。经过文本格式转换，确定特征项后，还需要确定用哪些特征项来表示文本，以及如何确定各对应特征的权重。

文本特征抽取和选择的质量对随后的文本处理算法，得到理想的结果有重要的影响：良好的文本方式方法可以降低数据的存储需求，提高算法的运行速度；理论分析及后续实验也表明，去除对分类无关的噪声属性，可以提高分类准确率；降低维数也有助于以后对新到文本提取特征时，提高速度（去除的特征不再需要进行匹配等处理，从而提高速度；对于一些需要手工获取属性的应用，例如测量人的体重、天气温度，如果通过分类过程发现该属性对分类结果无影响，则可以去除对相关过程的测量，从而更有效提高速度，并降低测试耗费）；降维后的数据，也更容易为人所直观理解分类依据及进行数据可视化展示。综合多方面，选择合适的文本表示方法能有效降低文本分类的难度。

文本特征抽取和选择的各环节有着直观的意义，但如何妥善地结合在一起，仍然是个值得讨论的问题。每个环节对于后续环节来说，都是某种程度上的信息损失（例如，特征项抽取损失了文本中个特征项的顺序关系，特征降维则去除了许多原文本中包含的信息）。这些损失的信息既包含对不影响分类的噪声信息，也包含了部分对分类有影响的有用信息，因此需要考虑具体如何取舍，而且由于文本分类本身特征维数高，在训练样本多的情况下，一些适合低维情况下的机器学习优化技术不再能直接使用，也进一步加剧了这种选择的困难程度。

3.7 习题

1. 简述文本信息的语义特征及其抽取方法。
2. 简述 N-Gram 方法在拼音文本与汉语文本应用方面的异同。
3. 略述文本的结构对语义特征抽取的影响。
4. 如何衡量特征抽取过程与选择过程所造成的信息损失？
5. 讨论使用 Wiki 作为知识库进行语义分析的方法。

第4章 音频信息特征抽取

4.1 数字音频技术概述

随着计算机技术的广泛应用，利用现代信息技术来处理音频信号已成为趋势，由此出现了数字音频信息处理这一研究领域。在处理数字音频信息时，首先将各种模拟音频信号数字化，然后利用信息技术进行相关处理，以满足人们从不同角度或侧面来使用音频信息的需求。数字音频技术把模拟音频信号转换为数字音频信号后，人类可以方便地利用 Internet 等媒体来聆听美妙的音乐、感受感人的演讲，从而使该技术成为信息革命的重要组成部分。

数字音频技术的快速演化可以追溯到大约 20 年以前，日本的 Sony 公司和荷兰的 Philips 公司率先引入了数字 CD 光碟技术，从此音频处理新技术相继出现，数字音频产品也呈现出日新月异的变化趋势，如表 4-1 所示。

表 4-1　数字音频技术的演化

日　期	技术/应用	发明者/应用
1961	Digital artificial reverb	Schroeder & Logan
1960	Computer music	Various, e.g., Mathews
1967	PCM-prototype system	NHK
1969	PCM audio recorder	Nippon Columbia
1968	Binaural technology	Blauert
1971	Digital delay line	Blesser & Lee
1973	Time-delay spectroscopy	Heyser
1975	Digital music synthesis	Chowning
1975	Audio-DSP emulation	Blesser et al.
1977	Prototypes of CD & DAD	Philips, Sony, e.g.
1977	Digital L/S measurement	Berman & Fincham
1978-9	PCM/U-matic recorder	Sony
1978	32-ch digital multi-track	3M
1978	Hard-disk recording	Stockham
1979	Digital mixing console	Mcnally（BBC）
1981	CD-DA standard	Industry e.g.
1983	Class-D amplification	Attwood
1985	Digital mixing console	Neve
1987-9	Perceptual audio coding	Brandenburg, Johnston
1991	Dolby AC-3 coding	Dolby
1993	MPEG-1 audio standard	ISO
1994	MPEG-2, BC, standard	ISO
1995	DVD-Video standard	Industry
1997	MPEG-2, AAC, standard	ISO
1997	SACD proposal	Sony
1999	DVD-Audio standard	Industry

从起步阶段开始，数字音频技术和数字电子学、微处理器、存储介质及计算机网络等技术相结合，利用数字信号处理实现各种应用系统，用于满足人类听觉感知的需求。数字音频技术的进步主要基于以下 3 项技术：

1）数字信号处理理论和技术。

2）数字电子学和计算机技术。

3）人类听觉感知模型。

数字音频技术和其他消费电子学的最主要差别体现在，尽量利用听觉机理开发各种模型，实现音频工程和人类音频主/客观感知评价的融合。

数字音频研究的进展得益于模拟音频信号处理的传统，同时其较低的计算机性能需求和听力试验结果的快捷处理方法，也为最先引入启发式数字信号处理技术提供了基础。目前和其他技术领域一样，数字音频应用系统也紧随数字信号处理的最新进展，已从单抽样率、用时不变和线性的信号处理方法，发展为多抽样率、自适应和非线性的处理技术。特别是通过和人类感知的结合，数字音频技术利用听觉感知的非线性和多维模型，极大地扩展和丰富了相关的研究领域。

4.2　人类的听觉感知

声音信号的感知过程和人类的听觉系统密不可分，它具有音高、音长、音色和音强 4 种性质，决定了声音的本质特征，在声学研究中占有重要地位。听觉系统感受、传输、分析和处理各种声音信息，对各种声参数都有很高的灵敏度和精确的分辨率，并且能够检测它们在时间上的快速变化。人类有高度进化的听觉感知系统，能够全方位检测、快速加工并感知有生物意义的声信号，以指导特殊的行为，例如言语辨知和交流。

尽管 100 多年前，德国物理学家乔治·欧姆（Georg·Ohm）就提出了人耳是频谱分析仪的设想。直到 20 世纪 60 年代，人们对于外围听觉系统才有了较深入的理解，但是对于听觉通路等许多方面的研究至今还在探讨阶段。人耳是人类的听觉器官，其作用就是接收声音并将声音转换成神经刺激。所谓听觉感知，就是指将听到的声音经过大脑处理后变成确切的含义。人耳由外耳、中耳和内耳 3 部分组成（见图 4-1），其中外耳、中耳和内耳的耳蜗部分是听觉器官，而内耳的前庭窗和半规管分别是进行位置判定和保持身体平衡的器官。外界的声波振动鼓膜，经过中耳的听小骨，引起耳蜗的外淋巴和内淋巴的振动，使得耳蜗的听觉感受器（毛细胞）受到刺激，并将声音刺激转化为神经冲动，由听神经传导到大脑的听觉中枢，从而形成听觉。同时，声波振动还可以通过颅骨和耳蜗骨壁的振动传导到内耳，这个途径称为骨传递。

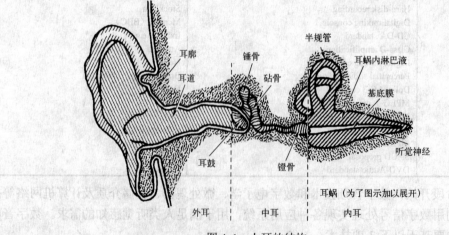

图 4-1　人耳的结构

声波经过传递通道到达耳蜗，从而产生行波沿基底膜的传播。不同频率的声音引起不同的行波，其峰值出现在基底膜的不同位置。基底膜不同部位的毛细胞具有不同的电学和力学特性。这种差别是基底膜在频率选择方面不同的重要因素，也是频率沿基底膜呈对数分布的主要原因。人耳及相关的神经系统是复杂的交互系统，多年来，生物学家对听觉感知进行了广泛研究。人耳一方面对于细微差别的判断力极为精确，另一方面对于它认为不相关的信号部分只进行粗略的处理，因此学者得出，无论用多么复杂的模型来模拟它，都有其固有缺陷的结论。迄今为止，人耳听觉特性的研究大多在心理声学和语言声学领域内进行。实践证明，声音虽然客观存在，但是人的听觉和声波并不完全一致，人耳听觉具有特有的性质。

一般来说，人类听觉器官对声波的音高、音强和声波的动态频谱具有分析感知能力，人耳对声音的强度和频率的主观感受是从响度和音调来体现的。听觉器官不但是极度灵敏的声音接收器，而且它还是具有选择性的。听觉特性涉及有关心理声学和生理声学方面的问题，例如掩蔽现象就是一种常见的心理声学现象，是由人耳对声音的频率分辨机制决定的。

1. 人耳的听阈和响度

声音信号通常是复合音，由包含许多频率成分的谐波组成，人耳对于不同频率的纯音具有不同的分辨能力。响度是反映人耳主观感受不同频率成分的声音强度的物理量，单位为方（Phone），在数值上 1 方等于 1kHz 的纯音 1dB 的声压级。人耳的听阈对应于 0 方的响度，是指不同频率的声音能够为人耳感知的临界声压级。听阈值和响度随着频率的变化而变化，这说明人耳对不同频率声音的响应是不一样的。因此，人耳感知的声音响度是频率和声压级的函数，通过比较不同频率和声压级的声音可以得到主观等响度曲线，如图 4-2 所示。在该图中，最上面的等响度曲线是痛阈，最下面的等响度曲线是听阈；而曲线在 3kHz～4kHz 附近稍有下降，意味着感知灵敏度的提高，这是由外耳道的共振引起的。

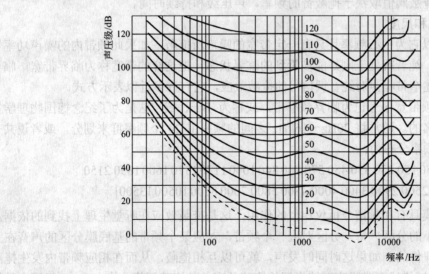

图 4-2　人耳的等响度曲线

2. 掩蔽效应

掩蔽现象是指在一个较强的声音附近，相对较弱的声音不被人耳觉察，也就是让强音所掩蔽。其中，较强的声音，称为掩蔽音；较弱的声音，称为被掩蔽音。掩蔽音有 3 种类型：纯音调、宽带噪声和窄带噪声，不同掩蔽音和被掩蔽音的组合有不同的掩蔽效果，它们的掩蔽阀值曲线形状有着相似之处。

掩蔽效应分为同时掩蔽和异时掩蔽，而异时掩蔽又分为前掩蔽和后掩蔽两种（见图 4-3），同时掩蔽又称为频域掩蔽。

在同时掩蔽中，掩蔽音对相邻频率的影响范围和程度，与掩蔽音本身位于哪个临界频带有关。不同临界频带内的掩蔽音，对同一频带内的其他信号或相邻频带内的信号，会有不同的掩蔽效果。

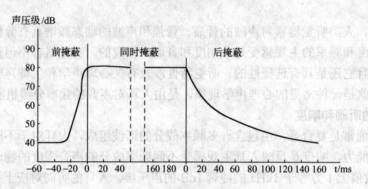

图 4-3　人耳的掩蔽效应

比较前掩蔽效应与后掩蔽效应后，发现前掩蔽效应所影响的时间较短，约为几十毫秒；而后掩蔽效应所影响的时间与掩蔽音存在的时间长短有关，范围从几十毫秒到几百毫秒不等。人耳听觉系统的掩蔽效应可以采用心理声学模型来描述，依据这个模型可以估算出不同掩蔽者的掩蔽阀值，掩蔽阀值取决于掩蔽音的频率、声压级和持续时间。

3. 临界带宽和尺度

纯音可以被以它为中心频率且具有一定带宽的噪声所掩蔽，如果此频带内的噪声功率等于该纯音的功率，纯音就处于刚好能被听到的临界状态，把这样的带宽称为临界带宽。临界带宽主要用于描述窄带噪声对纯音调信号的掩蔽效应，它有许多近似表示方式。

连续的临界频带宽序号记为临界频率带，或称为 Bark 域，这是为了纪念德国物理学家 Barkhauseu 而得名的。通常将 20Hz～16kHz 之间的频率用 24 个频率群来划分，或者说共有 24Bark，其中心频率分布为：

[50 150 250 350 450 570 700 840 1000 1170 1370 1600 1850 2150
2500 2900 3400 4000 4800 5800 7000 8500 10500 13500]

人耳的基底膜具有和频谱分析仪相似的作用，这是掩蔽效应在听觉生理上找到的依据。基底膜分为许多小的分区，每一分区对应一个频带，对应某个频带的基底膜分区的声音在大脑中似乎是综合评价的。如果这时同时发声，就可以互相掩蔽，从而在相应频带内发生掩蔽效应。利用 Bark 域描述窄带噪声对纯音调的掩蔽效应，其掩蔽阀值曲线在 Bark 尺度上是等宽的。Bark 域与耳蜗中基底膜的长度呈线性关系，而与声音频率 f（Hz）呈近似对数关系，可以利用以下计算方法划分 Bark 域：

$$1 \text{ Bark} \approx \begin{cases} \dfrac{f}{100} & f < 500 \\[3mm] 9 + 4 \log_2 \dfrac{f}{1000} & f > 500 \end{cases}$$

4.3 音频信号分析和编码

音频信号的形式尽管多种多样，但对其进行处理的第一步都是对信号进行数字化处理和特征分析。音频信号数字化前，必须首先进行防工频干扰滤波和防混叠滤波，然后进行采样和量化，将它变成时间和幅度都是离散的数字信号。在音频信号处理中，如果考虑人耳的听觉感知，根据各种不同应用的时间需求，在处理速度、存储容量和传输速率之间进行折中后，采样频率可以在 8kHz～192kHz 的范围内选择。

一般认为，对于音频信号采用 16～20bit 进行量化，就足以保证信号质量。但是还可以采用更长数据和特殊处理技术来降低量化误差。例如，DVD 格式采用 24bit 编码，许多音频录制设备中采用噪声整形技术来降低带内量化噪声。

4.3.1 音频信号的特征分析

实际上，经过数字化处理的音频信号是时变信号。为了能够使用传统方法进行分析，一般假设音频信号在几十毫秒的短时间内是平稳的。在音频信号短时平稳的假设条件下，对音频信号需要进行加窗处理；窗函数平滑地在音频信号上滑动，将音频信号划分为连续或者交叠分段的帧。

对于信号分析最直接的方法是以时间为自变量进行分析。对于音频信号的时域分析来说，窗口的形状非常重要，如矩形窗的谱平滑性较好，但是波形细节丢失，并且会产生泄漏现象；而汉明窗可以有效地克服泄漏现象，应用范围最为广泛。不论何种窗函数，窗的长度对能否反映音频信号的幅度变化起决定性作用，决定了能否充分地反映波形变化的细节，因此窗口长度的选择需要根据音频信号的时变特性来调整。

一般来说，窗函数的衰减基本上与窗的持续时间无关，因此改变窗函数的长度时，只会使带宽发生变化。音频信号的时域特征包括短时能量、短时平均过零率、短时自相关系数和短时平均幅度差等。短时平均幅度的计算公式为

$$M_n = \sum_{m=-\infty}^{\infty} |x(m)| \omega(n-m) = \sum_{m=n}^{n+N-1} |x_W(m)|$$

其中，窗函数为汉明窗，其计算公式为

$$\omega(n) = \begin{cases} 0.54 - 0.46 \cos\left[\dfrac{2\pi n}{N-1}\right] & 0 \leqslant n \leqslant N-1 \\[3mm] 0 \end{cases}$$

人类听觉感知具有频谱分析功能，因此音频信号的频谱分析是认识和处理音频信号的重要方法，主要的频谱分析方法包括短时傅里叶变换、短时离散余弦变换和线性预测分析。一般来说，非线性系统分析非常困难，需要将非线性问题转化为线性问题来处理。通常的加性信号满足广义叠加原理，这样的信号组合可以用线性系统来处理；然而，对于乘性或卷积性

组合信号，必须用满足组合规则的非线性系统来处理，对信号进行同态分析。由于音频信号可以看做是激励信号与系统响应的卷积结果，对其进行同态分析后，将得到音频信号的倒谱参数，因此同态分析又称为倒谱分析。

在实际应用中，所遇到的信号一般并不平稳，至少在观测的全部时间段内是不平稳的。这种情况下，短时分析的局限性就逐渐显露出来。根据不确定性原理，不允许有"某个特定时刻和频率处的能量"的概念，因此只能研究伪时频结构，根据不同的要求和性能去逼近理想的时频表示。为了分析和处理非平稳信号、反映信号频谱随时间的变化、有效地表示某个时刻的频谱分布，人们开始研究信号的时频表示方法。利用时-频平面的二维信号可综合表示信号在不同尺度下的特征，主要方法包括线性时频表示类、二次时频表示类和其他形式的时频表示方法。最常用的两种线性时频表示方法包括 Gabor 变换和小波变换。

4.3.2　音频信号的数字编码

数字信号具有易于存储和传输、信息失真可还原等特点，已被应用于现实生活中。但是，在实际应用中，由于某些信号数据量巨大，传输和存储成本较高，例如语音、音乐和影视等，特别是高清电视的出现对系统性能提出了挑战；而且随着新应用的涌现，还有可能出现数据速率更高的信源。

数字编码技术针对数据量巨大的信号所面临的传输和存储问题，在保证感官质量的前提下，利用信息冗余来实现数据压缩。对数字音频信息进行压缩就是在不影响人们使用的情况下，使其数据量最少。通常用 6 个属性来衡量：比特率、主观/客观的评价质量、计算复杂度和存储需求、延迟、对通道误码的灵敏度，以及信号带宽。对于不同的应用系统，例如广播节目制作或消费类音响设备，人们对数字音频所提出的要求是不同的，需要了解这些系统的具体需求，使用最合适的编码技术。

根据统计分析的结果，音频信号存在着多种时域冗余和频域冗余；人耳的掩蔽效应等听觉机理，也能够用来对音频信号进行压缩，从而为实现更有效的音频编码算法提供了基础。数字音频编码方法主要包括波形编码、参数编码和基于听觉感知的混合编码等，它们从基本的 PCM 编码出发，对音频编码的性能进行了许多的改进，以便适应网络和多媒体技术的需求。其目的是：基于存储容量和传输通道的要求最大化数字音频的质量，降低数字音频的比特率，从而有效采用流媒体技术，例如 DSD（Direct-Stream Digital）。

音频编码技术可以从很多角度去分类，例如有损和无损、波形和参数、窄带和宽带，以及恒定码率和变动码率等。当前数字音频编码技术的重要发展方向就是综合现有的各种编码技术，制定全球统一的标准。我国信息产业部于 2007 年 1 月 20 日，也正式发布了具有中国自主知识产权音频电子行业标准——《多声道数字音频编解码技术规范》。

4.3.3　数字音频信号的解析

由于多媒体格式的日新月异，且多数编码与解码方法的技术资料都处于非公开状态，所以很难对所有音频格式进行适当的编码与解码操作；此外，技术升级也会造成原有编码和解码软件的失效。在实际应用中，为了组合不同的数字媒体，目前的多数数字编码格式都须符合一定的规范，以实现流媒体格式的有效转换。

一般来说，人们利用多媒体容器（Multimedia Container）进行多媒体数据的封装。目前，常见的多媒体容器包括 AVI、MPEG、OGM 和 Real-Media 等。其中，AVI 是最常见的，它可以兼容大多数的编码格式，包含了从非压缩的 RGB 视频和 PCM 音频到高压缩率的 DivX 视频和 MP3 音频的各种流媒体。因此，可以利用多媒体容器的文件格式，对流媒体数据进行解析，为不同的应用提供素材。当前，Microsoft 公司开发的技术主要包括 ACM 和 DirectShow，它们提供了常用的编码算法程序包，以供应用程序开发者调用。

国际电报电话咨询委员会（CCITT）和国际标准化组织（ISO）等先后提出了一系列有关音频编码的建议，根据标准制定者和开发者的不同，这些编码技术主要归为以下几类。

MPEG 系列：MPEG（Moving Pictures Experts Group，运动图像专家组），属于 ISO 国际标准组织。他们开发了一系列音频编码，例如 MP3 和 MPEG -2 ACC 等。

DVD 系列：MPEG-2 的最大受益者是 DVD，其编码都属于应用级，例如 Dolby Digital AC3 和 DSD（Direct-Stream Digital）等。

G.7XX 系列：ITU（International Telecommunication Union）的编码系列，主要应用于实时视频通信领域，例如 G.721 和 G.729 等。

Windows Media 系列：Microsoft 公司的音频视频编码，主要应用于网络流媒体传输，例如 WAV 和 WMA（Windows Media Audio）。

QuickTime 系列：QuickTime 是多媒体应用平台，支持众多的编码格式，例如 Apple MPEG-4 AAC 和 Apple Lossless 等。

Ogg 系列：Ogg 是 Xiph.org 基金会发起的开放源代码项目，其音频 Ogg Vorbis 是迄今为止最好的 128kbit/s 码率编码器。

4.4 音频信息特征抽取

随着现代信息技术，特别是多媒体技术和网络技术的发展，多媒体信息的数据量急剧增多。目前，由于缺乏有效的多媒体检索技术，尽管互联网存在大量的多媒体资源，但是难以充分有效地利用这些资源。因此，如何在巨量数据中快速准确地挑选出有用的信息，对于充分利用多媒体信息资源具有极其重要的意义。

通常的信息检索研究主要基于文本，这种方式具有其自身的缺陷，例如人工标注基本无法完成，某些重要特征无法用文本表达清楚，以及无法利用多媒体信息的内容进行检索等。因此，有必要研究音频信息的处理技术，充分地分析和提取其物理特征（例如频谱等）、听觉特征（例如响度或音色等）和语义特征（例如语音的关键词或音乐的旋律节奏等），有效地实现音频信息的内容分类和检索。根据检索对象和检索方法的不同，国内外在音频检索方面的研究大体分为语音检索、音乐内容检索和音乐例子检索等几类。

音频检索第一步是建立数据库，对音频数据进行特征提取，并通过特征对数据聚类。然后检索引擎对特征向量与聚类参数集匹配，按相关性排序后通过查询接口返回给用户。音频信号的特征抽取指提取音频的时域和频域特征，将不同内容的音频数据予以区分。因此，所选取的特征应该能够充分地反映音频的物理和听觉特征，对环境的改变具有较好的鲁棒性。在进行音频特征抽取时，通常将音频划分为等长的片段，在每个片段内有划分帧。这样，特征抽取所采用的特征包括基于帧的特征和基于片段的特征两种。

4.4.1 基于帧的音频特征

1. MFCC

MFCC（Mel Frequency Cepstrum Coefficient）是语音识别中十分重要的特征，在音频应用中也有很好的效果，它是基于 Mel 频率的倒谱系数的。由于 MFCC 参数将人耳的听觉感知特性和语音的产生机制相结合，因此得到广泛的使用。

在人耳的听觉感知中，耳蜗起到了很关键的作用，其实质上的作用相当于滤波器组。耳蜗的滤波作用是在对数频率尺度上进行的，研究者根据听力声学试验得到了类似耳蜗的滤波器组，即 Mel 滤波器组。Mel 频率可以用公式表达为

$$\text{Mel Frequency} = 2595 \times \log\left(1 + \frac{f}{700}\right)$$

将频率根据上式变换到 Mel 域后，Mel 带通滤波器组的中心频率按照 Mel 频率刻度均匀排列，MFCC 倒谱系数的计算过程如下：

1）将音频信号进行分帧，利用汉明窗进行预滤波处理，然后进行短时傅里叶变换得到其频谱。

2）求出频谱的能量谱，并用 M 个 Mel 尺度带通滤波器进行滤波，得到功率谱 $x'(k)$。

3）将每个滤波器的输出去对数，得到相应频带的对数功率谱；然后进行反离散余弦变换，达到 L（一般取 12～16 范围内的数）个 MFCC 系数，计算公式为

$$C_n = \sum_{k=1}^{M} \log x'(k) \cos\left[\frac{\pi(k+0.5)n}{M}\right] \qquad n=1,2,\cdots,L$$

直接计算得到静态 MFCC 系数，对这种静态特进行阶和二阶差分得到动态特征。

2. 频域能量

频域能量可以用来根据阈值判别静音帧，是区分音乐和语言的有效特征。通常语音中含有比音乐中更多的静音，因此语音的频域能量比音乐中的变化大得多，频域能量的定义为

$$E = \log\left(\int_0^{\omega_0} |x(\omega)|^2 d\omega\right)$$

其中，$x(\omega)$ 是该帧的傅里叶变换在 ω 处的数值，ω_0 是采用频率的一半。

3. 子带能量比

将频带划分为几个区间，其中每个区间称为子带，一般采用非均匀的划分方式，特别是 Bark 尺度或 ERB 尺度。例如，频带划分为 4 个子带时，各个子带的频率区间分别为

$$[0, \omega_0/8] \quad [\omega_0/8, \omega_0/4] \quad [\omega_0/4, \omega_0/2] \quad [\omega_0/2, \omega_0]$$

不同类型的音频，其能量在各个子带区间的分布有所不同，音乐的频域能量在各个子带上的分布比较均匀；而语音的能量主要集中在第 1 个子带上，往往在 80%左右。子带能量的计算如下：

$$D_j = \frac{1}{E} \int_{L_j}^{U_j} |x(\omega)|^2 d\omega$$

式中，D_j 是子带 j 的能量，U_j 和 L_j 是子带 j 的上下边界频率。

4. 过零率

过零率是描述音频信号通过过零值的次数，是信号频率的一个简单度量。其可以在一定程度上反映其频谱的粗略估计。通常，语音信号由发音音节和不发音音节交替构成，音乐没有这种结构；在语音信号中，清音的过零率高，浊音的过零率低。所以过零率在语音信号的变化要比在音乐的变化剧烈。过零率的计算公式为

$$Z_n = \frac{1}{2} \sum_{m=n}^{n+N-1} |\, sgn[x(m)] - sgn[x(m-1)]\,|$$

其中，$sgn[x(n)] = \begin{cases} 1 & x(n) \geqslant 0 \\ -1 & x(n) < 0 \end{cases}$。

5. 基音频率

在周期或准周期音频信号中，声音的成分主要由基频（基音频率）及其谐波组成。而对于非周期信号，则不存在基频。基音频率可以反映音调的高低，可以采用短时自相关方法进行粗略计算。

4.4.2 基于片段的音频特征

根据上面介绍的帧层次的基本特征，在音频处理中，常在片段层次上计算这些特征的统计值，作为该片段的分类特征。

1. 静音帧率

如果一帧的能量和过零率小于给定的阀值，一般认为该帧是静音帧；否则，该帧是非静音帧。语音中经常有停顿的地方，所以其静音帧率（Silence Frame Ration）一般比音乐的高。其计算公式为

$$静音帧率 = \frac{静音帧数}{片段中帧总数}$$

2. 高过零率帧率

根据对过零率特征的分析，语音有清音和浊音交替构成，而音乐不具有这种结构，因此，过零率在语音信号中要高于音乐信号中。对于一个片段来说，语音信号过零率高于阀值的比例高于音乐信号中的比例。根据以上分析，定义高过零率帧率（High ZCR Frame Ratio，HZCRR）公式为

$$HZCRR = \frac{1}{2N} \sum_{n=0}^{N-1} [sgn(ZCR(n) - 1.5ZCR_{avg}) + 1]$$

式中，ZCR_{avg} 是片段中所有帧过零率的均值；$ZCR(n)$ 是第 n 帧的过零率；N 是片段中的帧总数；sgn() 是符号函数。

3. 低能量帧率

一般来说，语音比音乐含有更多的静音帧，因此语音信号的低能量帧率高于音乐信号。低能量帧率（Low Energy Frame Ratio，LER）是指一段音频信号中能量低于阀值的比例。其计算公式为

$$LER = \frac{1}{2N} \sum_{n=0}^{N-1} [sgn(0.5E_{avg} - E(n)) + 1]$$

式中，E_{avg} 是片段中所有帧能量的均值；$E(n)$ 是第 n 帧的能量；N 是片段中的帧总数。当然，可以根据子带能量比进一步定义相应的低能量帧率，用来作为分类的特征。

4. 谱通量

谱通量（Spectrum Flux，SF）也称为频谱流量，是指片段中相邻帧之间谱变化的平均值。从整体上看，语音信号的谱通量数值较高，而音乐信号的谱通量往往较小，其他声音的谱通量数值介于两者之间。谱通量的具体计算公式为

$$SF = \frac{1}{(N-1)(K-1)} \sum_{n=1}^{N} \sum_{k=1}^{K-1} [\log(A(n,k) + \delta) - \log(A(n-1,k) + \delta)]^2$$

式中，$A(n, k)$ 是片段中第 n 帧傅里叶变换的第 k 个系数值；K 是傅里叶变换的阶数；N 是片段中帧的总数；δ 是为避免 $A(n, k)$ 的值为 0，而导致计算溢出所引入的小常数。

5. 和谐度

如果一帧信号不存在基频，可以认为其基频为 0。这样就可以用片段中基音频率不等于零的帧数所占的比例来衡量该音频片段的和谐程度。一般来说，语音在低频频带的和谐度较高，高频频带的和谐度较低；而音乐在整个频率范围内都具有较高的和谐度。

由于语音信号的基频较低（一般在 200Hz 以下），而音乐的基频范围则相对宽广得多，所以把整个频域划分为不同频带，分别考察相应频带的和谐度。首先采用频域的归一化的相关方法，估计每个频率是基频的可能性。其计算公式为

$$R(j) = \frac{\sum_{i=0}^{\frac{K}{2}-j-1} [\widetilde{X}(i) \cdot \widetilde{X}(i+j)]}{\sqrt{\sum_{i=0}^{\frac{K}{2}-j-1} \widetilde{X}^2(i) \cdot \sum_{i=0}^{\frac{K}{2}-j-1} \widetilde{X}^2(i+j)}} \qquad j = 1, 2, \cdots, K/2$$

式中，$\widetilde{X}(i)$ 是采用信号频谱 $X(i)$ 零均值化后的值；K 是傅里叶变换的阶数。如果 f_s 是音频信号的采样率，$R(j)$ 的值反映了频率 $j \cdot f_s/K$ 是基频的可能性。一帧信号的和谐度定义为

$$h = \max_{j \in [j_{f_1}, j_{f_2}]} (R(j))$$

式中，$[j_{f_1}, j_{f_2}]$ 与所考察的频率范围相对应。

4.5 本章小结

本章主要讨论音频信号的特征抽取问题。首先从音频技术的演化出发，提出了对数字音频技术发展主线的理解；然后论述了音频信号的基本数字处理方法，包括实验心理声学、音频分析与编码等内容；最后给出了一些常见的音频信号特征。在音频技术的演化过程中，CD 光碟和 MPEG 标准意味着数字音频技术的成熟和标准化，具有里程碑式的意义。人类听觉试验的研究对于音频信号处理具有指导意义，如何有效利用听觉模型体现了音频信号分析和编码的特点和难点。

4.6　习题

1. 对音频信号连续地进行短时傅里叶分析就可以得到语谱图，其横坐标表示时间，纵坐标表示频率，而每像素的灰度值大小反映相应时刻和相应频率的信号能量密度，请利用MATLAB 的相关函数计算任选的例子音频的语谱图，并且根据语谱图的特征说明窗函数的形状、信号帧的长度和帧间重叠对特征分析的影响。

2. 数字音频技术的最大特点体现在尽量利用听觉机理开发各种模型，实现工程和音频主/客观感知评价的融合。根据特征系数 MFCC 的计算过程说明，如何在短时傅里叶变换中结合听觉感知模型？

3. 为了实现流媒体格式的有效转换，人们利用多媒体容器（Multimedia Container）进行多媒体数据的封装。结合 Windows 的编程实践，说明如何解析不同的流媒体格式。

4. 根据数字音频技术的演化图，阅读相关的参考文献，并且说明数字音频技术的研究热点和未来方向。

第5章 图像信息特征抽取

相比文本信息而言，数字图像具有信息量大（一幅1024×768像素的24位彩色图像包含 $1024 \times 768 \times 24\text{bit} \approx 18.8\text{Mb} \approx 2.4\text{MB}$）、像素点之间的关联性强等特点。因此，对于数字图像的处理方法与文本处理方法有较大的差别。本章将对于数字图像在内容安全领域的一些常用处理方法进行简明介绍。由于篇幅关系，有兴趣的读者可以进一步查阅相关书籍，获取更详尽的背景知识和推导证明。

5.1 数字图像的表示方法

一般而言，一张数字图像可以通过一个或多个矩阵来表示，如图 5-1 所示。

$$\begin{bmatrix} 162 & 162 & 162 & 161 & 162 & 157 & 163 & 161 & \cdots \\ 162 & 162 & 162 & 161 & 162 & 157 & 163 & 161 & \cdots \\ 162 & 162 & 162 & 161 & 162 & 157 & 163 & 161 & \cdots \\ 162 & 162 & 162 & 161 & 162 & 157 & 163 & 161 & \cdots \\ 162 & 162 & 162 & 161 & 162 & 157 & 163 & 161 & \cdots \\ 164 & 164 & 158 & 155 & 161 & 159 & 159 & 160 & \cdots \\ 160 & 160 & 163 & 158 & 160 & 162 & 159 & 156 & \cdots \\ 159 & 159 & 155 & 157 & 158 & 159 & 156 & 157 & \cdots \\ \vdots & \vdots & \vdots & \vdots & \vdots & \vdots & \vdots & \vdots & \ddots \end{bmatrix}$$

a)   b)

图 5-1 灰度图像的矩阵表示方法

a) 灰度图像 b) 矩阵表示法

推广到一般情况，对于一幅大小为 M×N 的灰度图像可以通过如下的灰度值矩阵唯一表达：

$$I = \begin{pmatrix} I(1,1) & \cdots & I(1,N) \\ \vdots & & \vdots \\ I(M,1) & \cdots & I(M,N) \end{pmatrix}$$

其中，$I(i,j)$ 代表坐标为 (i, j) 的像素点的灰度值，$1 \leqslant i \leqslant M$，$1 \leqslant j \leqslant N$。值得一提的是，本节中将图像左上角的坐标原点定义为（1，1），也有一些书籍将其定义为（0，0），这两种坐标系可以简洁地相互转换。为了方便，以后的图像矩阵坐标原点沿用此定义。一般而言，像素点灰度值 $I(i,j)$ 的变化范围为 0（全黑）～255（全白），越高的灰度值代表像素点的亮度越高。对于彩色图像而言，单一的灰度（亮度）矩阵无法准确地表达图像的色度信息。因此，彩色图像的表示与灰度图像有所不同，常用的表示方法如图 5-2 所示。

$$\begin{pmatrix} 78 & 78 & 76 & 76 & 76 & 76 & 75 & 75 & \cdots \\ 78 & 78 & 76 & 76 & 76 & 76 & 75 & 75 & \cdots \end{pmatrix}$$

$$\begin{pmatrix} 115 & 115 & 115 & 114 & 113 & 112 & 112 & 112 & \cdots \\ 115 & 115 & 115 & 114 & 113 & 112 & 112 & 112 & \cdots \end{pmatrix}$$

$$\begin{pmatrix} 199 & 199 & 199 & 199 & 197 & 197 & 196 & 196 & \cdots & 112 \\ 199 & 199 & 199 & 199 & 197 & 197 & 196 & 196 & \cdots & 112 \\ 197 & 197 & 197 & 197 & 197 & 197 & 196 & 196 & \cdots & 111 \\ 196 & 196 & 196 & 196 & 196 & 196 & 195 & 195 & \cdots & 111 \\ 196 & 196 & 196 & 196 & 195 & 195 & 195 & 195 & \cdots & 111 \\ 195 & 195 & 195 & 195 & 194 & 194 & 194 & 194 & \cdots & 111 \\ 194 & 194 & 194 & 194 & 194 & 194 & 193 & 193 & \cdots \\ 194 & 194 & 194 & 194 & 194 & 194 & 193 & 193 & \cdots \\ \vdots & \vdots & \vdots & \vdots & \vdots & \vdots & \vdots & \vdots & \ddots \end{pmatrix}$$

a)

$$\begin{pmatrix} 199 & 199 & 199 & 199 & 197 & 197 & 196 & 196 & \cdots \\ 199 & 199 & 199 & 199 & 197 & 197 & 196 & 196 & \cdots \\ 197 & 197 & 197 & 197 & 197 & 197 & 196 & 196 & \cdots \\ 196 & 196 & 196 & 196 & 196 & 196 & 195 & 195 & \cdots \\ 196 & 196 & 196 & 196 & 195 & 195 & 195 & 195 & \cdots \\ 195 & 195 & 195 & 195 & 194 & 194 & 194 & 194 & \cdots \\ 194 & 194 & 194 & 194 & 194 & 194 & 193 & 193 & \cdots \\ 194 & 194 & 194 & 194 & 194 & 194 & 193 & 193 & \cdots \\ \vdots & \vdots & \vdots & \vdots & \vdots & \vdots & \vdots & \vdots & \ddots \end{pmatrix}$$

b)

$$\begin{pmatrix} 115 & 115 & 115 & 114 & 113 & 112 & 112 & 112 & \cdots \\ 115 & 115 & 115 & 114 & 113 & 112 & 112 & 112 & \cdots \\ 115 & 115 & 115 & 114 & 113 & 112 & 112 & 112 & \cdots \\ 115 & 115 & 115 & 114 & 113 & 112 & 112 & 112 & \cdots \\ 114 & 114 & 114 & 113 & 113 & 112 & 111 & 111 & \cdots \\ 114 & 114 & 114 & 113 & 113 & 112 & 111 & 111 & \cdots \\ 114 & 114 & 114 & 113 & 112 & 111 & 111 & 111 & \cdots \\ 114 & 114 & 114 & 113 & 112 & 111 & 111 & 111 & \cdots \\ \vdots & \vdots & \vdots & \vdots & \vdots & \vdots & \vdots & \vdots & \ddots \end{pmatrix}$$

c)

$$\begin{pmatrix} 78 & 78 & 76 & 76 & 76 & 76 & 75 & 75 & \cdots \\ 78 & 78 & 76 & 76 & 76 & 76 & 75 & 75 & \cdots \\ 78 & 78 & 76 & 76 & 76 & 76 & 75 & 75 & \cdots \\ 78 & 78 & 76 & 76 & 76 & 76 & 75 & 75 & \cdots \\ 78 & 78 & 76 & 76 & 76 & 76 & 75 & 75 & \cdots \\ 78 & 78 & 76 & 76 & 76 & 76 & 75 & 75 & \cdots \\ 78 & 78 & 76 & 76 & 76 & 76 & 75 & 75 & \cdots \\ 78 & 78 & 76 & 76 & 76 & 76 & 75 & 75 & \cdots \\ \vdots & \vdots & \vdots & \vdots & \vdots & \vdots & \vdots & \vdots & \ddots \end{pmatrix}$$

d)

图 5-2 各类图像的矩阵表示方法

a) 彩色图像及相应的矩阵表示方法　b) 红色通道输出图像及相应的矩阵表示方法
c) 绿色通道输出图像及相应的矩阵表示方法　d) 蓝色通道输出图像及相应的矩阵表示方法

类似灰度图像，一幅大小为 $M \times N$ 的彩色图像可以通过如下的色彩向量矩阵唯一表达：

$$C = \begin{pmatrix} C(1,1) & \cdots & C(1,N) \\ \vdots & \vdots & \vdots \\ C(M,1) & C(M,2) & \cdots & C(M,N) \end{pmatrix}$$

其中 $C(i,j) = \begin{pmatrix} R(i,j) \\ G(i,j) \\ B(i,j) \end{pmatrix}$，$1 \leqslant i \leqslant M$，$1 \leqslant j \leqslant N$；$R(i,j)$，$G(i,j)$，$B(i,j)$分别代表红、绿、蓝三

个颜色通道的输出值。图 5-2 中的 RGB 矩阵表示方法是当前常用的彩色图像表示方法，简洁是它的主要优点。现有的 24 位位图图像（.bmp）就采用 RGB 表示方法。

然而，由于 RGB 颜色空间在某些特定图像处理应用中的局限性，各种颜色空间的表达方式如 HSV、YcbCr、CIE-Lab 等也经常被采用。这些颜色空间中每个像素点的色彩向量基本上都能由 RGB 空间方便地通过线性或非线性的转换获得。因此，为了表达简洁，本节中统一采用 RGB 颜色空间这一表示方式。

5.2 图像颜色特征提取

所谓图像的颜色特征，通俗地说，即能够用来表示图像颜色分布特点的特征向量。常见的颜色特征有：颜色直方图、颜色聚合矢量和颜色矩等。下面将对于这些常用颜色特征的提取方法分别进行详细的介绍。

5.2.1 颜色直方图特征

所谓颜色直方图（Color Histogram），即反映特定图像中的颜色级与出现该种颜色的概率之间关系的图形。为了直观起见，这里首先简单介绍灰度直方图：对于一幅大小为 $M \times N$ 的灰度图像（灰度值的变化范围为 0～255），K 个灰度级的直方图。灰度直方图函数的表达式如下：

$$\text{Hist}(I_k) = \frac{n_k}{M \times N} \qquad 1 \leqslant k \leqslant K \tag{5-1}$$

其中，I_k 代表第 k 个灰度级；n_k 是图像中出现 I_k 灰度级的像素点总数。分母为图像中所有像素点的个数，用来对不同尺寸的图像进行归一化。如图 5-3 所示为一个灰度直方图提取的例子。

a)

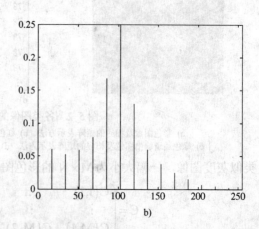

b)

图 5-3　灰度图像与直方图

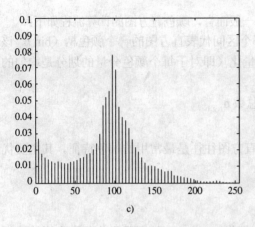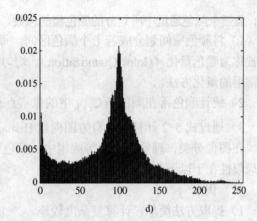

c) d)

图 5-3 灰度图像与直方图（续）

a) 灰度图像　b) K=16 的灰底直方图　c) K=64 的灰度直方图　d) K=256 的灰度直方图

由图 5-3 可知，尽管采用不同的 K 值所获得的灰度直方图各不相同，但其整体形状还是大同小异的，都反映了原图像的灰度分布特点：即中间亮度（100 左右）的像素点较多，高亮度的像素点较少。

对于在图像理解、索引等方面的应用来说，采用不同的 K 值来描述图像的灰度分布信息，产生的效果也各不相同。一般来说，K 值高代表直方图的"分辨率"较高，能够更细致地描述图像灰度方面的细节，但是所需特征向量的维数较高，为以后进行直方图比对等处理带来更高的计算复杂度。

另外，当灰度级过多时，某些灰度值相差不大的像素点将被归类到不同的灰度级中，这将给图像理解、索引等工作带来了一些困难和混淆。例如，两幅差别不大的灰度图像，由于灰度级过多可能造成生成的灰度直方图有较大的差异，从而造成灰度直方图不能很好地表达图像的灰度分布特点。反过来，如果 K 值太低，造成直方图"分辨率"不够，从而图像的灰度差异不能从灰度直方图这一特征上反映出来，进而降低了该特征的鉴别力。因此，如何选择合适的灰度级数目及量化方法，是当前该领域的一大研究热点。

图 5-4 是采用灰度直方图进行图像分类的简单例子。

由图 5-4 可见，相同类型的图像往往具有类似的灰度直方图，如前两幅赛车图像的直方图，见图 5-4d 和 5-4e；而不同类型的图像，其直方图有比较大的差异。因此，灰度直方图特征可以用来表征灰度图像的亮度分布特点，而被广泛应用于各种图像分类、索引系统中。

灰度直方图仅能反映图像的亮度特征，而当前网络中传播的图像往往是彩色图像。因此，将灰度直方图的概念推广到各种颜色空间，就得到颜色直方图的公式（这里还是以常见的 RGB 颜色空间直方图为例）：

$$\text{Hist}\left(C_{r,g,b}\right) = \frac{n_{r,g,b}}{M \times N} \quad 1 \leqslant r \leqslant R, \quad 1 \leqslant g \leqslant G, \quad 1 \leqslant b \leqslant B \quad (5\text{-}2)$$

其中，$C_{r,g,b}$ 代表第（r，g，b）个颜色柄；$n_{r,g,b}$ 是图像中出现 $C_{r,g,b}$ 颜色柄的像素点总数。同样，分母为图像中所有像素点的个数，用来对于不同尺寸的图像进行归一化。R，G，B 分别代表红、绿、蓝三个颜色通道中所划分的颜色级的总数。一般而言，颜色直方图的计算流程如下：

1）将颜色空间划分成若干个颜色区间，每个区间代表直方图的一个颜色柄（bin）。该过程被称为颜色量化（Color Quantization）。均匀量化（即对于每个颜色分量的划分是均匀的）是常用的量化方法。

2）统计颜色落在颜色柄 $C_{r,g,b}$ 中的像素点总数 $n_{r,g,b}$。

3）通过式 5-2 计算颜色直方图向量 Hist。

在图像分类、理解及索引等应用中，颜色直方图往往是最常用的颜色特征。其主要优势和局限性在于以下几点：

（1）优点

1）提取方法简单，计算复杂度较小。

2）位移（Translation）、旋转（Rotation）和镜像（Mirror）等图像操作都不会影响该颜色特征。

（2）局限

1）颜色空间的选取。一些学者认为 RGB 颜色空间结构并不符合人们对颜色相似性的主观判断，采用 HSV 或 CIE-Lab 等颜色空间可能获得更好的效果。然而，对于不同的应用，最适合的颜色空间选取，也是个悬而未决的课题。

2）量化方法的制定。均匀量化是一种简单常用的量化方法；然而，针对不同的颜色空间、不同的颜色通道，如何确定量化阶数也是一个尚未妥善解决的问题，当前的研究只有一些经验性的选取方法。另外，非均匀量化（如采用聚类等方法）是近来该领域的研究热点。一些实验结果表明，非均匀量化在直方图维度、图像色彩鉴别力等方面，相比均匀量化方法有一定的优势。

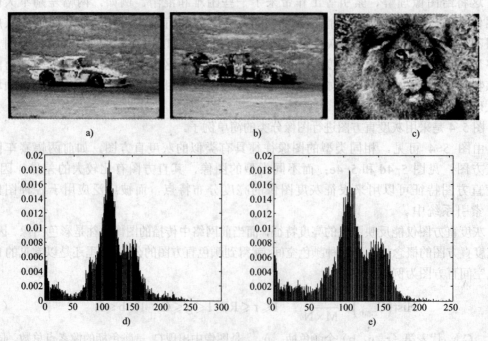

图 5-4　灰度图像与相应灰度直方图

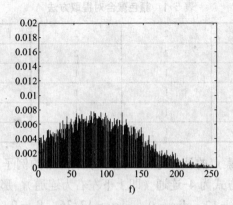

图 5-4　灰度图像与相应灰度直方图（续）

a) 灰度图像 1　b) 灰度图像 2　c) 灰度图像 3　d) 图像 a)的灰度直方图　e) 图像 b)的灰度直方图　f) 图像 c)的灰度直方图

5.2.2　颜色聚合矢量特征

颜色（灰度）直方图仅仅从某种颜色（灰度）出现的概率来描述图像的颜色（灰度）特征。然而，完全不同的图像可能具有类似的直方图，如图 5-5 所示。为了能够方便区分该种情况，需要引入颜色（灰度）以外的信息。颜色聚合矢量（Color Coherence Vector，CCV）其出发点在于引入一定的空间信息来进一步区分颜色分布类似而空间分布不同的图像，其计算方法如下：

图 5-5　两幅具有相同直方图的图像

1）与颜色直方图类似，将颜色空间划分成若干个柄（bin）。

2）统计颜色落在每个颜色柄中的像素点个数，并将其分为两类，如果很多具有相同颜色的像素点之间是空间连续的，则这些像素点属于连贯点；反之，则属于离散像素点。进一步统计每个颜色柄中连续和离散像素点个数，如第 i 个颜色柄，连续和离散像素点个数分别记为 con_i 和 dis_i。于是，第 i 个颜色聚合对 (α_i, β_i)，可以由下式得到：

$$\alpha_i = \frac{con_i}{M \times N} \qquad \beta_i = \frac{dis_i}{M \times N}$$

3）最后一幅图像的颜色聚合矢量可定义为 $\langle (\alpha_1, \beta_1), (\alpha_2, \beta_2), \cdots, (\alpha_K, \beta_K) \rangle$，其中 K 为颜色柄总数。

表 5-1 是一种简单的像素点颜色分布图，其中不同的标号代表不同的颜色级。

表 5-1　颜色聚合对提取方法

1	1	2	2	2	2
1	1	2	2	2	2
3	4	1	1	3	4
2	3	1	1	3	4
3	2	1	1	3	4
3	2	1	1	3	4

为了说明连续/离散像素点的计算方法，这里举个简单的例子。如果连续和离散的门限（Threshold）值为 4，连通方式为 4-连通（即上下左右为连通），那么：

$$\left.\begin{array}{ll} con_1 = 12, & dis_1 = 0 \\ con_2 = 8, & dis_2 = 3 \\ con_3 = 4, & dis_3 = 4 \\ con_4 = 4, & dis_4 = 1 \end{array}\right\} \Rightarrow \left\{\begin{array}{ll} \alpha_1 = 12/36, & \beta_1 = 0 \\ \alpha_2 = 8/36, & \beta_2 = 3/36 \\ \alpha_3 = 4/36, & \beta_3 = 4/36 \\ \alpha_4 = 4/36, & \beta_4 = 1/36 \end{array}\right.$$

若连通方式为 8-连通，那么：

$$\left.\begin{array}{ll} con_1 = 12, & dis_1 = 0 \\ con_2 = 8, & dis_2 = 3 \\ con_3 = 8, & dis_3 = 0 \\ con_4 = 4, & dis_4 = 1 \end{array}\right\} \Rightarrow \left\{\begin{array}{ll} \alpha_1 = 12/36, & \beta_1 = 0 \\ \alpha_2 = 8/36, & \beta_2 = 3/36 \\ \alpha_3 = 8/36, & \beta_3 = 0 \\ \alpha_4 = 4/36, & \beta_4 = 1/36 \end{array}\right.$$

对于前面提到的图 5-5，可以简单计算其灰度直方图向量：左图 $Hist_{left} = <0.5,\ 0.5>$，右图 $Hist_{right} = <0.5,\ 0.5>$，两者完全一致。而其聚合矢量：左图 $CV_{left} = <(0.5, 0),\ (0.5, 0)>$，右图 $CV_{right} = <(0, 0.5),\ (0, 0.5)>$，从而能够把两者完全区分。由此可见，颜色聚合矢量通过引入空间连续性信息，提高特征的鉴别力。然而，与颜色直方图类似，其主要局限性在于：

1）颜色空间选取和空间量化方法制定。

2）连贯/离散门限值的设定。对于不同的颜色空间、量化方法和图像特点，最适合的门限取值也是不同的。当前常用的还是比较经验化的设定方法。

3）由于加入了连续性判断，计算复杂度相对颜色直方图要高许多。

5.2.3　颜色矩特征

颜色矩（Color Moments）是一种统计特征，用来反映图像中颜色分布的特点，通过引入统计学中低阶矩（Moment）的概念来描述整个图像的颜色变化情况。在图像分类、索引等应用中，可以通过计算颜色矩的距离来反映图像之间的相似程度。常见的颜色矩往往假定图像内的某种颜色符合特定的概率分布，在此基础上选择有鉴别力的统计特征。常用的颜色矩有一阶到三阶中心矩。

1. 颜色均值

颜色均值（Mean）计算公式：

$$\mu_i = \frac{1}{N \times M} \sum_{j=1}^{N \times M} c_{ij}$$

其中，c_{ij} 代表像素点 j 的第 i 个颜色通道的颜色值。对于一般的 RGB 图像，i 取值为 1~3，分别代表 R、G、B 三个颜色通道。

2．颜色标准差

颜色标准差（Standard Deviation）计算公式：

$$\sigma_i = \left(\frac{1}{N \times M} \sum_{j=1}^{N \times M} \left(c_{ij} - \mu_i \right)^2 \right)^{1/2}$$

该特征反映了各颜色值的二阶统计特性。

3．颜色偏度

颜色偏度（Skewness）计算公式：

$$s_i = \left(\frac{1}{N \times M} \sum_{j=1}^{N \times M} \left(c_{ij} - \mu_i \right)^3 \right)^{1/3}$$

该特征反映了各颜色值的三阶统计特性。

对于常用的 RGB 图像，描述整幅图像所需的颜色矩特征总共有 $3 \times 3 = 9$ 维。相比其他颜色特征，颜色矩特征的维数最低，该特征组合也具有一定的鉴别力。然而，其缺点在于缺乏对于细节的描述，更不包含颜色以外的任何信息。

5.2.4 其他颜色特征

除了以上 3 种常用的颜色特征以外，颜色的色彩对比度、饱和度、色彩暖度等特征也从一定侧面反映了图像的颜色分布特点，被用做颜色特征来描述整个图像的颜色情况。

5.3 图像纹理特征提取

所谓图像的纹理特征，即能够用来表示图像纹理（亮度变化）特点的特征向量。纹理信息是亮度信息和空间信息的结合体，反映了图像的亮度变化情况。常见的纹理特征有：灰度共生矩阵、Gabor 小波特征和 Tamura 纹理特征等。

下面将对于这些常用纹理特征的提取方法分别进行详细介绍。

5.3.1 灰度共生矩阵

灰度共生矩阵（Grey Level Co-occurrence Matrix，GLCM）是早期用于描述纹理特征的方法。灰度共生矩阵的元素 P（i，j）代表相距一定距离的两个像素点，分别具有灰度值 i 和 j 的出现概率。该矩阵依赖于这两个像素之间的距离（记作 dist），以及这两个像素连线与水平轴的夹角（记作 θ），改变这两个参数能够得到不同的矩阵。共生矩阵反映了图像灰度分布关于方向、局部邻域和变化幅度的综合信息。

一旦矩阵 P 确定了，就能够从中提取代表该矩阵的特征，一般可分为 4 类：视觉纹理特征、统计特征、信息特征和信息相关性特征。常用的基于灰度共生矩阵的特征有以下几个：

1. 能量

能量（Energy）特征计算公式为：

$$E = \sum_{i,j} P^2(i,j)$$

2. 熵

熵（Entropy）特征计算公式为：

$$I = \sum_{i,j} P(i,j) \log P(i,j)$$

3. 对比度

对比度（Contrast）特征计算公式为：

$$C = \sum_{i,j} (i-j)^2 P(i,j)$$

4. 共性

共性（Homogeneity）特征计算公式为：

$$H = \sum_{i,j} \frac{P(i,j)}{1+|i-j|}$$

对于每一个矩阵，可以生成以上 4 种特征。而 dist 和 θ 取值不同，可以得到不同的纹理特征。一般来说，θ 取 0、45°、90° 或 135° 四种，分别代表横向、纵向及对角线方向的灰度变化。而 dist 一般取 1~8 的值，根据不同的图片大小，可以取不同的值。

5.3.2 Gabor 小波特征

Gabor 小波特征（Gabor Wavelet Feature）是一种特殊的小波特征，其基本原理是通过小波变换对原有图像进行滤波（Filtering）处理，然后对于滤波后的图像提取相关有鉴别力的特征。小波特征的鉴别力往往取决于小波基的选取。相比金字塔结构的小波变换（PWT）、树结构的小波变换（TWT）等，Gabor 小波更符合人眼对于图像的感知特性，故而常常用于描述图像的纹理特征。

一般形式的二维 Gabor 函数的空频域表达式如下。

空间域：$g(x,y) = \dfrac{1}{2\pi\sigma_x\sigma_y} \exp\left(-\dfrac{1}{2}\left(\dfrac{x^2}{\sigma_x^2} + \dfrac{y^2}{\sigma_y^2}\right) + 2\pi j f x\right)$

频率域：$G(u,v) = \exp\left(-\dfrac{1}{2}\left(\dfrac{(u-f)^2}{\sigma_u^2} + \dfrac{v^2}{\sigma_v^2}\right)\right)$

其中，$\sigma_u = \dfrac{1}{2\pi\sigma_x}$，$\sigma_v = \dfrac{1}{2\pi\sigma_y}$，f 代表偏移频率。一组 Gabor 小波基函数可以通过平移、旋转和尺度变化基本小波 g(x，y) 来生成。其计算公式为：

$$g_{mn}(x,y) = a^{-m} g(x',y')$$

其中，，$x' = a^{-m}(x\cos\theta + y\sin\theta)$，$y' = a^{-m}(-x\sin\theta + y\cos\theta)$，$\theta = n\pi/N$，$m = 0,1,2,\cdots,M-1$，$n = 0,1,2,\cdots,N-1$，M 为选取的尺度总数，而 N 为选取的方向总数。a 为归一化尺度因子，保证了 Gabor 函数能量能够独立于所选择的尺度 m。

一般而言，对于滤波频率在[U_l,U_h]范围内的 Gabor 滤波，其参数选择如下：

$$a = \left(\frac{U_h}{U_l}\right)^{-\frac{1}{M-1}}, \quad f = a^m U_h, \quad \sigma_u = \frac{(a-1)U_h}{(a+1)\sqrt{2\ln 2}},$$

$$\sigma_v = \tan(\frac{\pi}{2N})\left[U_h - 2\ln(\frac{\sigma^2}{U_h})\right]\left[2\ln 2 - \frac{(2\ln 2)^2\sigma_u^2}{U_h^2}\right]^{-1/2}$$

对于一般图像，U_l= 0.05，U_h=0.4；尺度总数和方向总数则根据图像块的大小和图像的性质决定。

5.3.3　Tamura 特征

Tamura 等人根据人类视觉感知系统的特点，定义了 6 种与其相适应的纹理特征：Tamura 粗糙度（Coarseness）、对比度（Contrast）、方向性（Directionality）、线相似性（Line-Likeness）、规则性（Regularity）和粗略度（Roughness）。

前 3 种 Tamura 特征无论作为单独的或是联合的纹理特征，都比后 3 种特征更具鉴别力。因此，现有文献中所采用的 Tamura 纹理特征往往仅指前 3 种。下面对于这 3 种特征的具体提取方法将进行详细介绍。

1．Tamura 粗糙度

粗糙度反映了一幅图像纹理的粗糙或细腻程度，具体计算方法如下：

1）计算图像中大小为 $2^k \times 2^k$，中心为（x,y）的活动窗口中像素的平均灰度值，公式为：

$$A_k(x,y) = \frac{1}{2^{2k}} \sum_{i=x-2^{k-1}}^{i=x+2^{k-1}-1} \sum_{j=y-2^{k-1}}^{j=y+2^{k-1}-1} g(i,j) \qquad k=1,\ 2,\ \cdots,\ K$$

其中，K 根据图像的大小、应用的不同可取不同的值。一般来说，考虑到计算量，K 应取 8 以下的值。

2）对于每个像素（x,y），计算其在水平和垂直方向上互不重叠的窗口之间的平均强度差，公式为：

$$E_{k,h}(x,y) = \left| A_k(x + 2^{k-1}, y) - A_k(x - 2^{k-1}, y) \right|$$

$$E_{k,v}(x,y) = \left| A_k(x, y + 2^{k-1}) - A_k(x, y - 2^{k-1}) \right|$$

之后，求得能使 $E_{k,h}(x,y)$ 或 $E_{k,v}(x,y)$ 达到最大的 k 值，即

$$K_{opt} = \arg\max\{E_{k,h}(x,y), E_{k,v}(x,y)\}$$

进而，最佳尺寸为：$S_{opt}(x,y) = 2^{K_{opt}}$。

3）Tamura 粗糙度即整幅图像中所有像素点的 S_{opt} 均值，即

$$F_{crs} = \frac{1}{N \times M} \sum_{x=1}^{M} \sum_{y=1}^{N} S_{opt}(x,y)$$

2．Tamura 对比度

对比度反映了图像中像素点灰度值的动态范围，进而揭示了纹理的清晰程度，其具体计算方法如下：

1）计算图像中像素点灰度值的标准差 σ 和峰度 α_4。峰度（Kurtosis）计算公式为

$$\alpha_4 = \frac{\mu_4}{\sigma^4}$$

其中，μ_4 为四阶中心矩。

2）对比度计算公式为：

$$F_{con} = \frac{\sigma}{(\alpha_4)^n}$$

其中，n 一般取 1/4。

3. Tamura 方向性

方向性反映的是整幅图像中是否存在统一的纹理方向，其计算方法如下：

1）计算每一像素点在水平和垂直方向上的边缘强度，分别记作 $|\Delta H|$ 和 $|\Delta V|$。

2）由 $|\Delta H|$ 和 $|\Delta V|$ 计算该像素点的边缘强度和方向，公式为：

$$P = (|\Delta H| + |\Delta V|)/2 , \quad \theta = \arctan\left(\frac{\Delta V}{\Delta H}\right) + \frac{\pi}{2}$$

3）针对边缘强度超过一定门限的像素点，统计其边缘方向，构造直方图 H_θ。

4）通过直方图 H_θ 的峰值尖锐程度，得到 Tamura 方向性特征。

5.3.4 纹理特征

纹理特征主要描述灰度的空间分布情况，是结合灰度和空间两方面信息的特征，主要可以用来区别不同类型的图像（见图 5-6）。

图 5-6　纹理有显著区别的图像

纹理特征的主要局限性在于窗口的选取。在一幅自然图像中，包含了多种纹理区域，如果窗口尺寸过大，跨越了不同的纹理区域，则得不到准确的纹理特征值。反之，如果窗口尺寸过小，则不能反映某些尺寸跨度较大的纹理情况。

5.4　其他图像特征

除了以上两种常用的图像特征（即颜色特征和纹理特征），现有的图像分类、检索系统中还使用以下几种图像特征。

5.4.1　边缘特征

边缘指的是灰度（颜色）存在较大差异的像素点，一般边缘点存在于目标 / 背景的分界处，或者目标内部的纹理区域。这些信息都从一定侧面反映了图像的内容。因此，边缘特征也常常被用于图像分类、理解系统中。

边缘特征的获得首先要计算图像的边缘图（Edge-Map），采用不同的边缘算子得到的边缘图也不同。如图 5-7 所示，对于 Prewitt、Sobel 和 Canny 算子得到的边缘图各不相同。从效果方面来说，Canny 算子获得的边缘图比较好地反映了原图的目标/背景分割以及纹理情况。除此之外，Canny 算子的算法复杂度也不高，故而被作为提取边缘特征的常用算子之一。

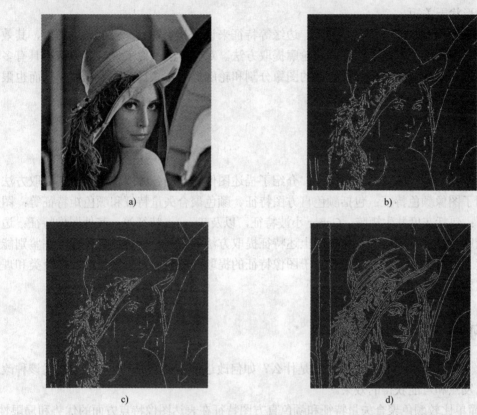

图 5-7　各种算子的边缘图对比

a) 原灰度图像　b) Prewitt 算子边缘图　c) Sobel 算子边缘图　d) Canny 算子边缘图

5.4.2　轮廓特征

轮廓特征是用来描述图像内某些目标物体的轮廓信息，从而为识别目标物体提供形状方面的信息，进而为理解图像内容提供线索。轮廓特征的提取往往先要获得目标的轮廓图，如图 5-8 所示。

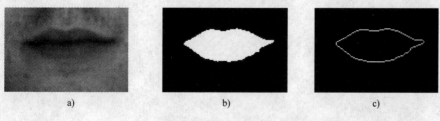

图 5-8　轮廓特征图

a) 原图像　b) 目标（嘴唇）区域分割图　c) 目标轮廓图

在获得目标轮廓图后，一般轮廓特征可以通过提取轮廓的拐点、重心、各阶距，以及轮廓所包含的面积与周长的平方比、长短轴比等来得到。对于复杂的形状，还有孔洞数、各目标间的几何关系等特征提取方法。对于图形来说，轮廓特征还包括其矩阵表示及矢量特征、骨架特征等。通常来说，图像轮廓特征有两种表达方式，一种是边界特征，只用到物体的外边界；另一种是区域特征，关系到整个形状区域。这两种特征最典型的方法就是傅里叶形状描述符和形状无关矩。

轮廓特征相对之前的颜色、纹理、边缘等特征来说，其鉴别力一般更高。然而，其效果和性能往往取决于之前的图像分割和轮廓提取方法。对于自然图像来说，其中目标具有多种多样的颜色、纹理及形状，一种普适的图像分割和轮廓提取方法目前还不存在，从而也限制了该种特征的广泛应用。

5.5 本章小结

本章从数字图像的表示方法出发，介绍了描述图像特点的各种图像特征及其提取方法。重点介绍了图像颜色特征：包括颜色直方图特征、颜色聚合矢量特征和颜色矩特征等；图像纹理特征：包括灰度共生矩阵、Gabor 小波特征，以及 Tamura 特征等；其他图像特征：边缘特征和轮廓特征的提取方法。在介绍上述特征提取方法的同时，分析了各种特征在鉴别能力和复杂度上的优势和局限性。通过对于图像特征的提取和分析，对于以后的图像分类和理解有相当重要的意义。

5.6 习题

1. 颜色直方图特征的主要优缺点是什么？如何改进该特征的局限性？简单描述该种改进方法的出发点和可能获得的效果。
2. 简单比较颜色聚合矢量特征和颜色直方图特征在表达图像特点方面的优势和局限性。
3. 简述纹理特征和边缘特征在图像特点表达上的异同。

第6章 信息处理模型和方法

本章主要介绍在信息处理中常用的文本匹配算法和分类算法。

6.1 文本模式匹配算法

在信息检索和文本编辑等应用中，快速对用户定义的模式或者短语进行匹配是最常见的需求。在文本信息过滤的处理中，匹配算法也一直是人们所关注的。一个高效的匹配算法会使信息处理变得迅速而准确，从而得到使用者的认可；反之，会使处理过程变得冗长而模糊，让人难以忍受。本节介绍 4 种经典的单模式匹配算法：Brute-Force 算法、KMP 算法、BM 算法和 QS 算法的匹配思想，并简要介绍多模式匹配算法。

6.1.1 经典单模式匹配算法

单模式匹配问题可以描述为：设 $P = P[0,\cdots,m-1]$（长度为 m），$T = T[0,\cdots,n-1]$（长度为 n），并且 $n > m$，要求找出 P 在 T 中的所有出现情况。具体查找的过程分以下两部分：

1）匹配过程。设某个时刻 P 与 T 的第 i 个字符（称 i 为文本指针）对齐。逐个比较对应位置的字符，判断这个过程是否成功。成功，则发现了 P 在 T 中的一次出现（比较 m 个字符）；否则，没有出现（比较字符个数小于等于 m 个字符）。

2）后移过程。无论是否成功，T 都要后移一定的步骤，开始一个新的匹配过程。

加速单模式匹配算法的关键点在于：

1）尽量加快"匹配过程"的完成速度，特别应设法加快不成功"匹配过程"的完成速度。

2）使"后移过程"的步骤尽量大。

通过对模式 P 进行预处理，国内外研究人员开展了一系列研究，并提出许多有效的算法。其中，除了 Brute-Force 算法外，还有 3 种经典的单模式匹配算法——KMP、BM、QS 算法都对该领域影响巨大。

1. Brute-Force 算法

Brute-Force 算法（直接匹配算法）是模式匹配最早、最简单的一个算法，它将正文 T 顺次分成 $n-m+1$ 个长度为 m 的子串，检查每个这样的子串是否与模式串 P 匹配。该算法的匹配过程易于理解，最坏时间复杂度是 $O(mn)$。当第一次匹配成功时，仅需比较 m 次；当 P 中第一个字符不同于 T 中任意一个字符时，只需比较 n 次，所以该算法实际用起来效率较高，目前还被采用。

例如，主串 T= 'abcdefg'，模式串 P='cde'，则模式匹配的过程如图 6-1 所示。

Brute-Force 算法匹配过程可以简化为图 6-2 所示。

Brute-Force 算法的缺点是对模式串的扫描常常要回溯，因此当模式串难于随机访问时，就会特别不方便。同时，这种算法匹配过程中存在许多重复操作，影响了执行效率。

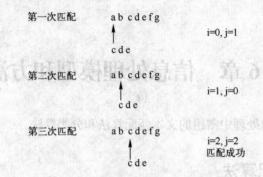

图 6-1 Brute-Force 算法匹配示意图

图 6-2 Brute-Force 算法匹配过程

2. KMP 算法

1970 年，S.A.Cook 在理论上证明串匹配问题可以在 O(m+n)时间内解决。随后，D.E.Knuth 和 V.R.Pratt 仿照 Cook 的证明构造了一个算法；与此同时，J.H.Morris 在研究正文处理时，也独立地得到了与前述两人本质上相同的算法。这样两个算法殊途同归地构造出当前最普遍采用的算法，称为 Knuth-Morris-Pratt 算法（记为 KMP 算法）。此算法实际可以在 O(m+n)的时间数量级上完成串匹配运算，最大的特点是指示文本串的指针不需回溯，在整个匹配过程中，对文本串仅需从头至尾扫描一遍，这对处理从外设输入的庞大文件很有效，可以边读边匹配，而无须回头重读。

假设匹配过程进行到当模式 P 的第 j 个字符 P[j]与 T 的第 i+j−1 个字符发生失配时，可知模式 P 的前缀 $u = P[1, j−1] = T[i, i + j − 2]$ 及 $a = T[i + j − 1] \neq P[j] = b$，为了避免 i 指针的回溯，需要将 P 往右移动，而移动的距离必须根据已经实现的"部分匹配"信息计算得到。如图 6-3 所示，可以利用已匹配的前缀 u 的部分前缀 v 来计算模式的右移距离。同时，为了避免模式右移后即刻发生失配，要求 v 随后的字符必须与 u 随后的字符不同。计算 kmp_next[j]的过程只与模式 P 有关，其目标是获取最长的前缀 v。前缀 v 称为 u 的边界，因为 v 既是 u 的前缀，也是 u 的后缀。

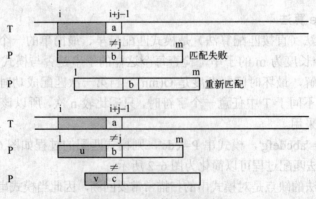

图 6-3 KMP 算法匹配过程

KMP 算法中最为关键的是对 kmp_next[j] 的预先计算，其物理意义是当模式 P 中第 j 个字符与文本 T 中相应字符失配时，在模式 P 中需要重新计算和文本 T 中该字符进行比较的字符的位置。

KMP 算法在预处理阶段的时间复杂度为 $O(m)$，查找过程实际平均复杂度为 $O(n+m)$，最坏情况下的时间复杂度为 $O(2n)$。

3. BM 算法

1977 年，R.S.Boyer 和 J.S.Moore 两人设计了一个新的串匹配算法，称为 BM（Boyer-Moore）算法，因为该算法只检查一部分字符串，所以相当程度地减少了比较次数。

BM 算法对模式 P 从右向左进行扫描。如果发生字符失配，算法采用两个预先计算的函数将模式串进行右移"滑动"。这两个函数被称为 bad-character 位移函数和 good-suffix 位移函数。假设匹配过程进行到当模式 P 的第 j 个字符 P[j] 与 T 的第 i+j-1 个字符发生失配时，可知模式 P 的后缀 $u = P[j+1,m] = T[i+j,i+m-1]$ 及 $a = T[i+j-1] \neq P[j] = b$。good-suffix 位移表示已经"部分匹配"的片段 u 在模式串 P 中的最右出现位置，同时还必须满足 u 前一个字符与字符 b 不同（见图 6-4）。如果在模式串 x 中没有这样的片段 u，则 good-suffix 位移表示 u 的最长可用后缀（P 的前缀）v（见图 6-5）。而 bad-character 位移表示文本 T 中字符 $T[i+j-1]$ 在模式 P 中的最右出现的位置（见图 6-6）。如果在模式 P 中没有出现字符 $T[i+j-1]$，则模式 P 可以向右移动 j 个位置（见图 6-7）。最终当发生字符失配后，模式右移"滑动"的距离为两个函数 bad-character 位移和 good-suffix 位移中的最大值，因此 BM 算法可以获得最大的右移距离，使得算法匹配的速度明显加快。

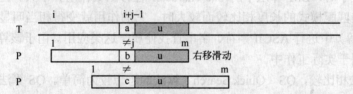

图 6-4 good-suffix 位移，u 的一次重现且其前一个字符与 b 不同

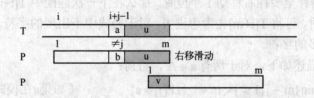

图 6-5 good-suffix 位移，只有 u 的前缀 v 在 P 中重现

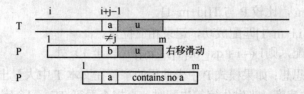

图 6-6 bad-character 位移，字符 a 在 P 中出现

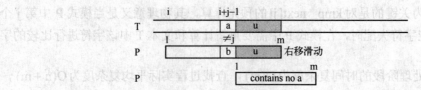

图 6-7　bad-character 位移，字符 a 在 P 中不出现

BM 算法的核心思想是更加充分地利用字符失配信息，不仅要利用已经"部分匹配"的 u 片段信息，而且还要利用发生失配时 T[i + j−1] 字符的信息。它分别利用 bad-character 位移函数和 good-suffix 位移函数来计算发生失配后模式可右移的距离，求取两个函数的计算结果中的最大值，以其作为模式 P 可以右移"滑动"的位移。

BM 算法在最优情况下的时间复杂度为 O(n/m)，在最坏情况下的时间复杂度为 O(nm)，找到模式第一次出现的时间复杂度为 O(3n)。

KMP 算法代表了一种悲观的观点，它假设文本中的每个字符都有可能是模式中的字符，至少需进行 n − m + 1 次字符比较；BM 算法则代表了一种乐观的观点，它假设文本中的每个字符都不会在模式中出现（如果出现了，再修正偏移量），尽可能多地跳过文本中的字符。由于通常情形是模式在文本中出现的次数比较少，在字母表比较大的情况下，文本中某个字符在模式中出现的可能性也较小，这样有可能进行跳跃性查找，从而降低匹配次数，这也是 BM 算法的平均性能比 KMP 算法快三四倍的原因。

4．QS 算法

当字母表较小时，BM 算法中的 bad-character 位移函数作用并不大。但是，当字母表中字母的个数与待匹配模式的长度相比较而较大时，它的作用就变得相当明显了。通常在文本编辑器（Word 等）中进行 ASCII 字符、字串查找便属于这类应用。由于该算法简单快速，所以它被广泛应用于实际工作中。

与 BM 算法相比较，QS（Quick Search）算法的思想较为简单。QS 算法中对模式 P 从左向右进行扫描。在对模式 P 的预处理过程中，只计算偏移函数 bad-character。但其在查找方式上有所改进：假设匹配过程进行到当模式 P 的第 j 个字符 P[j] 与 T 的第 i+j−1 个字符 T[i+j-1] 发生失配时，文本指针至少往右移动 1 个位置，那么在下一次匹配中 T[i+m] 就是待处理对象，因而在计算偏移量时，可将 T[i+m] 先考虑进去。对于模式中不出现的字符，其偏移量为 m + 1，这样有可能跳过更多的字符。

预处理过程可描述如下，对于所有 $a \in A$，可得：

$$qs\_bc[a] = \begin{cases} \min\{m-j \mid 1 \leqslant j < m+1 \text{ 且 } P[j]=a\} & （如果 a 在模式 P 中出现） \\ m+1 & （否则） \end{cases}$$

QS 算法的查找过程可以描述如下：

1）如果 $i \leqslant n-m$，比较 P 与 T[i,i+m−1]。

2）如果 P 与 T[i,i+m-1] 匹配成功，记录相应位置。

3）发生字符失配，则 $i \leftarrow i + qs\_bc[T[i+m]]$，转至 1）处。

QS 算法的核心思想：如果模式 P 中未使用的字符在文本 T 中大量出现，可以利用它们的信息加快模式匹配的速度。当发生字符失配时，直接查看第 T[i+m] 个字符；由于该字符可能是模式 P 中未使用的字符，因此可以在最佳情况下右移"滑动" m + 1 位。而 BM 算法在最佳情况下，模式 P 只能右移"滑动"m 位。所以在一定条件下，QS 算法速度快于 BM 算法。

QS 算法在最优情况下的时间复杂度为 $O\left(\dfrac{n}{m+1}\right)$，在最坏情况下的时间复杂度为 $O(nm)$。

QS 最适合于待处理文本字母表较大，而模式串长度较短的情况，这样模式串 P 中未使用字符将会大量出现在文本 T 中，从而使模式在发生失配时尽可能右移，加快匹配速度。但是如果在文本 T 中只有少数的字符未在模式串 P 中使用，这时 good-suffix 函数的作用明显要大于 bad-character 函数的作用，导致在这种情况下 BM 算法要快于 QS 算法。

6.1.2 经典多模式 DFSA 匹配算法

在文本分析处理领域中，大多数情况下需要在文本 T 中查找多个模式。如果仍然采用单模式匹配算法，则需要对文本 T 进行 k（待匹配模式的个数）次扫描，这样显然会导致效率降低，速度变慢。多模式匹配算法可以解决这类问题。经典的多模式匹配算法是 AV.Aho 提出的基于有限自动机的 DFSA（Deterministic Finite State Automata）算法，该算法在匹配前对模式串集合{P}进行预处理，转换成树形有限自动机，然后只需对文本串进行一次扫描即可找出所有的模式串，其时间复杂度为 $O(n)$。

1. DFSA 的定义

DFSA 可以表示为一个五元组，表达式如下：

$$M = (Q, \Sigma, \delta, q_0, F) \tag{6-1}$$

式中，各符号解释如下：

Q——状态的非空有穷集合，$\forall q \in Q$，q 称为 M 的一个状态；

Σ——输入的字母表，输入字符串都是 Σ 上的字符串；

δ——状态转移函数，又称状态转换函数或者移动函数，$\delta: Q \times \Sigma \to Q$；对 $\forall (q, a) \in Q \times \Sigma$，$\delta(q, a) = p$ 表示 M 在状态 q 下读入字符 a，将状态变成 p，并将读头向右移动一个带方格而指向输入字符串的下一个字符；

q_0——M 的开始状态，也称做初始状态或者启动状态，$q_0 \in Q$；

F——M 的终止状态集合，$F \subseteq Q$；$\forall q \in F$，q 称为 M 的终止状态。

对于任意的 $q \in Q, a \in \Sigma$，$\delta(q, a)$，均有确定的值。

2. DFSA 算法的预处理过程

预处理过程的主要任务是计算 3 个函数。

（1）转向函数 g( )

设 $U = \{0, 1, 2, \cdots\}$ 为状态集合，C_{pk} 为待匹配模式集{P}中的模式 P_k 中所包含的字符，转向函数 $g: (U, C_{pk}) \to U$ 为一种映射。其建立过程如下。

逐个取出{P}中模式 P_k 中的字符，由 0 状态出发，根据所取出的字符和当前状态决定下一个状态。如果该字符是字母，且遇到一个从当前状态出发、标有该字母的有向线段时，那么将下一个状态赋给当前状态；否则，要加上一条标有该字符的相应有向线段，并且在有向线段的终点加上一个新状态，将该状态作为当前状态；如果该字符是分隔符，则将分隔符前的字符串作为当前状态的输出，并将当前状态恢复成 0 状态；当{P}中的所有模式处理完毕，则应从 0 状态画出一条不能从 0 状态开始的其他字符的自返。对模式集合 {he,she,his,hers} 处理完毕后，形成如图 6-8 所示的树形有限自动机。

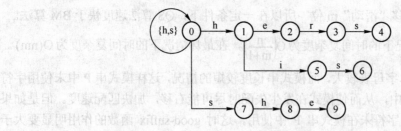

图 6-8　有限自动机

（2）失效函数 f( )

当发生字符失配时，失效函数指明下一个应处理的状态。

定义　从 0 状态到任一状态的最短路径中通过的有向线段的条数为该状态的层次，并且规定：

① 所有第一层状态 s 的失效函数 f(s) = 0（见图 6-8，f(1) = f(3) = 0）。

② 对于非第一层的状态 s，若其父状态为 r（存在某个字符 a，g(r,a) = s），其失效函数为 f(s) = g(f(s*),a)，状态 s* 为追溯状态 s 的祖先状态所得到的最近一个使 g(f(s*),a) 存在的状态。

由上述两个规定，可以计算获得失效函数 f(s)，如表 6-1 所示。

表 6-1　有限自动机 DFSA 的失效函数 f(s)

s	1	2	3	4	5	6	7	8	9
f(s)	0	0	0	1	2	0	3	0	3

（3）输出函数 Output()

在构建转向函数时，每遇到分割符时，应给当前状态 s 赋予输出函数值 Output(s) = {分割符之间的字串}；在构造出失效函数 f(s) = s' 后，应修改输出函数为 output(s) = output(s)∪output(s')。函数 output(s)表示自动机在状态 s 时可提供的输出，该输出就是所找到的目标串。有限自动机输出函数 Output(s)，如表 6-2 所示。

表 6-2　有限自动机输出函数 Output(s)

s	2	5	7	9
Output(s)	{he}	{she, he}	{his}	{hers}

3．DFSA 算法的查找过程

利用已构成的有限自动机，进行多个模式串一次查找的过程如下：

1）从有限自动机的 0 状态出发，逐个取出 {P}中模式 P_k 中的字符 c，并按照转向函数 g(s, c)或失效函数 f(s)，进入下一状态。

2）当输出函数 Output(s)不为空时，输出 Output(s)。

如若用图 6-8 中的有限自动机扫描文本串"ushers"。开始为 0 状态，因 g(0,u)=0，g(0,s)=3，g(3,h)=4，g(4,e)=5，而 Output(5)={he, she}，故输出{he, she}；因 f(5)=g(f(4),e)=2，g(2,r)=8，g(8,s)=9，Output(9)={hers}，故输出 {hers}。即文本串"ushers"中含有 he、she、hers 这 3 个模式串。

4．DFSA 算法处理汉语文本的不足

DFSA 多模式匹配算法在处理中文文本时，有一系列的问题。首先，该算法针对英文等 ASCII 代码集语言处理时，只需要一个字节即可表示；而汉字有多个字节，不同的编码有不同的字节数目，例如我国大陆的 GB2312 编码，汉字为 2 个字节。而我国台湾地区的 Big5 码则是用 1～2 字节表示的。在处理汉语古文字时，由于文字数量更多，有时还会使用 4 字节来表示。其次，在构建转向表的时候，由于汉字字符数量大，转向表的处理就不能等同于西文文本，否则，过于浪费空间，查找效率低。另外，虽然中文字符集包含大量的字符，但各个字符的出现频率差别很大。由此，常用的中文汉字可以分为一级汉字、二级汉字等。现代中文汉字中的 1300 多个常用字，已能覆盖现代中文汉字所用字的 95%以上；对应于一级汉字中的 3755 个字，它的出现频率覆盖率基本上已经在所用汉字中占 99.9%以上。同时，中文词的平均词长也较短，只有 1.83～2.09 个字，这意味着通常待匹配的字串模式长度较短。

由于以上原因，上述算法一旦运用到中文里就有所欠缺。

首先，对于排序就不能按照英文的字母顺序，也就是说，不可能像处理英文那样直接比较字符的大小。况且，即使可以比较，也存在两个字符比较的问题，所以按照英文的处理方式是不可行的。

其次，尤其是涉及中英文混杂的时候，该算法有着无法解决的难处。现在越来越多的信息将中英文混杂在一起处理，比如常见的 Intel 处理器、Microsoft 亚洲研究院、Dell 服务器等数不胜数的例子。对于这样的模式串，原始算法是没有办法处理的。

针对中文的处理，我国研究人员提出了很多专门针对汉语文本的多模式匹配算法。

6.2 分类算法

分类算法在图像分类、索引和内容理解方面都有直接的应用，其主要功能是通过分析不同图像类别中各种图像特征之间存在的差异，将其按内容分成若干类别。

经过几十年的研究与实践，目前已经有数十种的分类方法。图 6-9 给出了主要的分类方法。

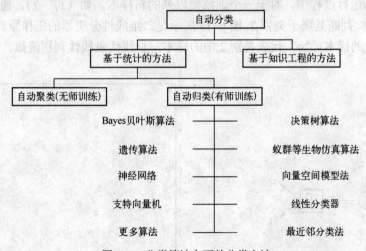

图 6-9　分类算法主要的分类方法

任何分类器构建都可以抽象为一个学习的过程，而学习又分为有师训练（Supervised

Learning）和无师训练（Unsupervised Learning）两种。

有师训练是指存在一个已标定的训练集（Training Set），并根据该集合确定分类器各项参数，完成对于分类器的构建。

对于无师训练来说，并不存在训练集，分类器的各项参数仅仅由被分类的数据本身（并无标定的类别）所决定。

本节以后的内容将对应用于图像、文本分类的各种分类器进行由浅入深的介绍。对于图像分类来说，由于计算机本身并不具有识别不同图像内容的能力，且各种图像特征种类繁多，分布情况又复杂，因此有师训练是图像分类中常用的分类器构建方法。

值得一提的是，本节中介绍的分类器旨在解决二类分类问题（即目标类别数为2）；对于多类分类问题，则需要对原算法进行适当的延伸和拓展。

6.2.1 线性分类器

线性分类器通过训练集构造一个线性判别函数，在运行过程中根据该判别函数的输出，确定数据类别。一般线性分类器结构如图 6-10 所示。

线性分类器的判别函数为

$$D = \sum_{i=1}^{n} w_i x_i + w_0$$

分类结果完全依据于线性判别函数的输出：如果输出为正，则判别为第一类；如果输出为负，则判别为第二类；如果输出为0，则不能做出判断（这种情况，现实应用中出现比较少）。下例形象地描述线性分类器的工作原理。

对于特征维度为 2 的训练特征集：类别 1——（1，1），（2，0），（3，-1）；类别 2——（-1，-2），（-3，-0.5），（-2，1）。根据训练集，训练所得线性判别函数为：$D = x_1 + 1.5x_2 - 1$，对于类别 1 中三个样本的输出为 $D_{11} = 1.5$，$D_{12} = 1$，$D_{13} = 0.5$，均大于 0；对于类别 2 中三个样本的输出为 $D_{21} = -5$，$D_{22} = -4.75$，$D_{13} = -1.5$，均小于 0。

在分类器的运行过程中，对于一个训练集以外的新样本，如（1，-2），通过计算其线性判别函数 $D = -3$，判断其属于类别 2。图 6-11 所示是二维线性分类器的工作原理图，其中"×"点表示类别 1 中的样本，"o"代表类别 2 中的样本，直线代表线性判别函数。

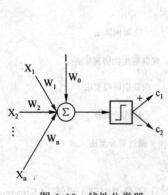

图 6-10 线性分类器

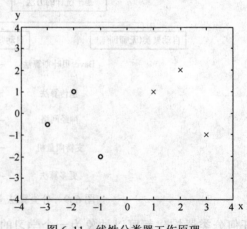

图 6-11 线性分类器工作原理

通过观察可以发现，在直线右上方的属于类别 1，直线的左下方属于类别 2。直线的斜率和 y 轴截距都由训练样本所决定，也就是所谓的学习过程。在直线确定后，任何测试样本只需根据其所在位置与直线的关系，即能判断其类别。

对于二维样本来说，线性分类器可表示为二维空间的一条直线；对于三维样本，线性分类器可表示为三维空间的一个平面；对于多维样本，则可表示为多维空间的一个超平面。针对线性分类器的学习过程，可大致分为以下几个步骤：

1）根据一定原则设计惩罚（Cost）函数 C（W），如误差距离最小，各类别样本距离最大等。

2）根据训练集样本，优化惩罚函数，进而获得最优分类器参数。

由于线性分类器结构相对简单，整个学习的优化过程计算复杂度较低，泛化（Generalization）能力相对较强。然而，对于样本分布不可线性分割的情况，线性分类器不能获得令人满意的效果。

6.2.2 最近邻分类法

最近邻分类法是图像分类和识别领域比较常用的分类方法，相比其他的分类器（如线性分类器、支持向量机等），最近邻分类法没有复杂的学习过程，其分类结果仅仅取决于测试样本与各类训练样本点之间的距离。具体而言，最近邻分类方法如下：

记第 i 类的训练样本为 $S_i = \{S_{i1}, S_{i2}, \cdots, S_{in_i}\}$，$i = 1, 2, \cdots, C$，其中 n_i 代表第 i 类的样本总数，C 代表类别总数。记测试样本为 X。

首先计算 X 和训练样本的距离，其计算公式为

$$dist(X, S_{ij}) = \|X - S_{ij}\| \quad i = 1, 2, \cdots C, \quad j = 1, 2, \cdots, n_i$$

根据与测试样本 X 之间的距离，寻找与其最为接近的 k 个邻近样本点：$N = \{N_1, N_2, \cdots, N_{k_i}\}$，然后判断这些邻近样本点中哪个类别的训练样本最多，提取包含训练样本数最多的类别，记作 c；最后将测试样本归入第 c 类。图 6-12 所示是最近邻分类法的分类方法工作原理图。

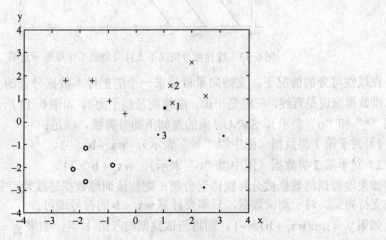

图 6-12 最近邻分类法工作原理

在图 6-12 中，样本类别总数为 4 类（从左上到右下，分别记作"+"为第 1 类，"×"为第 2 类，"。"为第 3 类，"·"为第 4 类），每类训练样本数为 4 个，分别以不同形状的点标明在图中。测试样本为"*"点，如果取邻近样本点数 k 为 3，则与测试样本距离最小的 3 个训练样本点分别为 1、2、3 号点（见图 6-12）。在这 3 个最近邻点中，有两个属于第 2 类的训练样本。因此，测试样本被归为第 2 类。

总的来说，最近邻分类方法有以下特点：

1）不需要复杂的学习优化过程，但分类过程需要计算与所有训练样本的距离，有一定的计算量。有些改进最近邻方法从每个类别的训练集中找出一定数量的"代表"样本，可减少一定的计算量。

2）与线性分类器相比，最近邻分类法的分界面可以不是一个超平面，而是一个更复杂的曲线。因此，可以从一定程度上解决图像特征分布复杂多样的问题。

6.2.3 支持向量机

支持向量机（Support Vector Machine，SVM）是一种有师训练的方法，它广泛地应用于统计分类及回归分析中。支持向量机属于一般化线性分类器，能够同时最小化经验误差与最大化几何边缘区。因此，支持向量机也被称为最大边缘区分类器。

对于线性可分的数据来说，支持向量机可被归类为一种线性分类器。图 6-13 中的例子简要说明了对于线性可分数据情况下，支持向量机的工作原理。

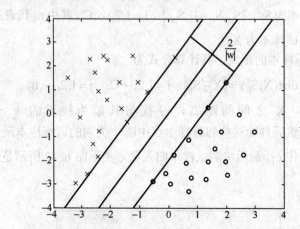

图 6-13 线性可分情况下支持向量机工作原理示意图

在线性可分的情况下，支持向量机寻求一个能把样本数据分开的分界线 $wx + b = 0$（对于二维数据来说是直线，三维是平面，高维则是超平面）。如图 6-13 所示，对于两类数据（分别以"*"和"o"表示），SVM 寻求的是如下的分界线，满足：

1）对于第 1 类数据（图中以"×"表示），$wx_i + b \leqslant -1$。

2）对于第 2 类数据（图中以"o"表示），$wx_i + b \geqslant +1$。

如果没有训练数据被分界线错误分割，则称该训练数据是线性可分的，边界上的样本被称为支持向量。对于测试数据，只需要计算 $wx_i + b$ 的符号即可。

如果 $y_i = \text{sgn}(wx_i + b) = -1$，则将测试数据归入第 1 类；如果 $y_i = \text{sgn}(wx_i + b) = +1$，则将测试数据归入第 2 类；如果 $y_i = \text{sgn}(wx_i + b) = 0$，则不能判断该数据类别（现实应用中发

生较少，尤其数据量较大时）。

为了保证分类算法能有比较好的泛化能力，SVM 在线性可分的基础上提出了分界面距离最大化的概念，即寻求 $\max\left(\frac{2}{|\mathbf{w}|}\right)$，等同于求 $\min\left(\frac{|\mathbf{w}|^2}{2}\right)$。整理一下上述公式，SVM 参数的求解过程可规整为求解：

$$\min\left(\frac{1}{2}|\mathbf{w}|^2\right), \quad \text{s.t.} \quad y_i(\mathbf{w}\mathbf{x}_i + \mathbf{b}) \geqslant 1, \quad i = 1, 2, \cdots, N$$

其中，N 为训练样本总数。当训练样本线性不可分，可通过引入非负松弛变量 ξ 来解决，则优化问题可转化为求解：

$$\min\left(\frac{1}{2}|\mathbf{w}|^2\right) + C\xi_i, \quad \text{s.t.} \quad y_i(\mathbf{w}\mathbf{x}_i + \mathbf{b}) \geqslant 1 - \xi_i, \quad i = 1, 2, \cdots, N$$

其中，C 代表惩罚因子，用于惩罚错误分类的样本。对于上述问题的求解可转化为一个二次规划问题，最后可转化为一个对偶优化问题（有兴趣的读者可查阅文献进一步了解详细的推导步骤）：

$$\max\left(\sum_{i=1}^{N}\alpha_i - \frac{1}{2}\sum_{i=1}^{N}\sum_{j=1}^{N}\alpha_i\alpha_j y_i y_j \mathbf{x}_i \mathbf{x}_j\right), \quad \text{s.t.} \quad 0 \leqslant \alpha_i \leqslant C \text{ 且 } \sum_{i=1}^{N}\alpha_i y_i = 0$$

然而对于大多数图像特征及图像分类的应用来说，特征的分布都不是线性可分的。

如果想要尽量降低分类误差，一般只能从两个角度解决这个问题：要么采用非线性的判别函数和非平面的分解面，要么通过非线性变换，把在原本空间线性不可分的数据转化到高维空间，使其线性可分。前者的问题在于判别函数设计的难度，如何在训练错误最小化和泛化能力最大化前寻找一个合适的平衡，是该种方法较难处理的问题。而 SVM 采用的方法则是基于后一种方法，这种方法主要的缺点在于其计算的复杂度：如果对于每个样本都要设置一个由低维到高维的非线性映射，需要较高的计算量。对于样本数量较多，初始特征维度较高的图像分类来说更是如此。为了解决这一难题，SVM 引入了"核函数（Kernel Function）"的概念，成功地解决了计算量的问题，并使其成为了当前图像分类方法的主流。

定义非线性映射 ϕ 将所有样本 $\mathbf{x}_i$ 投影到高维空间 $\phi(\mathbf{x}_i)$。对于二类分类问题，SVM 在高维空间寻求的分界面 $\mathbf{w}\phi(\mathbf{x}) + \mathbf{b} = 0$，满足：

$$y_i(\mathbf{w}\phi(\mathbf{x}_i) + \mathbf{b}) \geqslant 1 \quad i = 1, 2, \cdots, N, \quad \text{其中，} \quad y_i = \text{sgn}(\mathbf{w}\phi(\mathbf{x}_i) + \mathbf{b})。$$

与线性可分情况类似，分类器参数的优化问题可转化为

$$\max\left(\sum_{i=1}^{N}\alpha_i - \frac{1}{2}\sum_{i=1}^{N}\sum_{j=1}^{N}\alpha_i\alpha_j y_i y_j \phi(\mathbf{x}_i)\phi(\mathbf{x}_j)\right), \quad \text{s.t.} \quad 0 \leqslant \alpha_i \leqslant C \text{ 且 } \sum_{i=1}^{N}\alpha_i y_i = 0$$

记 $K(\mathbf{x}_i, \mathbf{x}_j) = \phi(\mathbf{x}_i)\phi(\mathbf{x}_j)$，并称其为核函数，则目标函数和判别函数分别可以用核函数表达。

1）目标函数为：$\max\left(\sum_{i=1}^{N}\alpha_i - \frac{1}{2}\sum_{i=1}^{N}\sum_{j=1}^{N}\alpha_i\alpha_j y_i y_j K(\mathbf{x}_i, \mathbf{x}_j)\right)$, s.t. $0 \leqslant \alpha_i \leqslant C \text{ 且 } \sum_{i=1}^{N}\alpha_i y_i = 0$。

2）对于任意测试样本 $\mathbf{x}$，其判别函数为：$y = \text{sgn}(\sum_{\mathbf{x}_i \in SV} K(\mathbf{x}_i, \mathbf{x}_j) + \mathbf{b})$，其中 SV 代表所有

支持向量的集合。

通过上述分析可以得出：无论是在分类器参数优化中，还是在测试样本分类判别过程中，都无须计算非线性映射函数 ϕ ，仅计算核函数 K 即可。因此，即使映射函数相当复杂，如果核函数本身是个常用函数，其优化和判别过程计算复杂度都不会很高。常用的核函数有以下几个。

齐次多项式： $K(\mathbf{x_i}, \mathbf{x_j}) = (\mathbf{x_i} \cdot \mathbf{x_j})^d$ 。

非齐次多项式： $K(\mathbf{x_i}, \mathbf{x_j}) = (\mathbf{x_i} \cdot \mathbf{x_j} + 1)^d$ 。

径向基函数（Radial Basis Function，RBF）核： $K(\mathbf{x_i}, \mathbf{x_j}) = \exp(-\beta \|\mathbf{x_i} - \mathbf{x_j}\|^2)$ ，其中 $\beta > 0$ 。

高斯 RBF 核： $K(\mathbf{x_i}, \mathbf{x_j}) = \exp\left(-\dfrac{\|\mathbf{x_i} - \mathbf{x_j}\|^2}{2\sigma^2}\right)$ 。

S 型函数： $K(\mathbf{x_i}, \mathbf{x_j}) = \tanh(\beta \mathbf{x_i} \cdot \mathbf{x_j} + \gamma)$ 。

在图像分类中，由于图像特征分布的复杂性及分类的多样性，RBF 核是最常用的核函数。

6.2.4 传统 Bayes 分类方法

若各事件 $A_1, A_2, \cdots, A_n$ 两两互斥，事件 B 为事件 $A_1 + A_2 + \cdots + A_n$ 的子事件，且 $P(A_i) > 0$ （$i = 1, 2, \cdots, n$），$P(B) > 0$ ，则有：

$$P(B)P(A_i / B) = P(A_i)P(B / A_i) \tag{6-2}$$

所以

$$P(A_i / B) = \frac{P(A_i)P(B / A_i)}{P(B)} \tag{6-3}$$

又按全概率公式，可得到：

$$P(B) = P(A_1)P(B / A_1) + \cdots + P(A_n)P(B / A_n) \tag{6-4}$$

因此，得到：

$$P(A_i / B) = \frac{P(A_i)P(B / A_i)}{P(A_1)P(B / A_1) + \cdots + P(A_n)P(B / A_n)} \qquad i = 1, 2, \cdots, n \tag{6-5}$$

式（6-4）称为 Bayes 公式。在实际应用中，我们称 $P(A_1), \cdots, P(A_n)$ 的值为先验概率，称 $P(A_1 / B), \cdots, P(A_n / B)$ 的值为后验概率。主观 Bayes 方法就是在已知先验概率与类条件概率的情况下得出后验概率公式的。

Bayes 分类方法中，设训练样本集分为 M 类，记为 $C = \{c_1, \cdots, c_i, \cdots, c_M\}$ ，则每类的先验概率为 $P(c_i)$ ，$i = 1, 2, \cdots, M$ 。其中，$P(c_i) = \dfrac{c_i 类样本数}{总样本数}$ 。对于一个样本 x ，其归于 c_j 类的类条件概率是 $P(x / c_j)$ ，则根据 Bayes 定理，可得到 c_j 类的后验概率 $P(c_i / x)$ 为

$$P(c_i / x) = \frac{P(x / c_i)P(c_i)}{P(x)} \qquad (6\text{-}6)$$

若 $P(c_i / x) > P(c_j / x)$，$i = 1, 2, \cdots, M$，$j = 1, 2, \cdots, M$，则有：

$$x \in c_i \qquad (6\text{-}7)$$

式（6-6）是最大后验概率判决准则，将式（6-5）代入式（6-6），则有：

$$x \in c_i \quad \text{if} \quad P(x / c_i)P(c_i) > P(x / c_j)P(c_j)，\ i = 1, 2, \cdots, M，\ j = 1, 2, \cdots, M \qquad (6\text{-}8)$$

式（6-7）是 Bayes 分类判决准则。

在封闭测试中，设有训练样本文献 $D(w_1, \cdots, w_i, \cdots, w_d)$，若 D 应分到 c_i 类，则按照式（6-7）的 Bayes 分类判决准则，有：$P(D / c_i)P(c_i) > P(D / c_j)P(c_j)$，$i = 1, 2, \cdots, M$，$j = 1, 2, \cdots, M$，即 $P(D / c_i)P(c_i)$ 为最大值。其中，若各 w_i 独立，即表示 D 的各个主题词是相互独立的，则：

$$P(D / c_i)P(c_i) = \sum_{j=1}^{d} P(w_j / c_i)P(c_i)$$

若设 $P(c_i) = P(c)$，即样本在各类中的分布是均匀的，则有：

若 $P(D / c_i)P(c_i) = \sum_{j=1}^{d} P(w_j / c_i)P(c)$ 为最大值时，$i = 1, 2, \cdots, M$，则

$$D \in c_i \qquad (6\text{-}9)$$

实际中，已知 w_j 出现在类别 c_i 的概率 $P(w_j / c_i) = \dfrac{P(w_j c_i)}{P(c_i)} = \dfrac{\frac{n_{ij}}{N}}{P(c)} = \dfrac{n_{ij}}{N \cdot P(c)}$，其含义是指语料库中样本属于类别 c_i 的条件下，出现主题词 w_j 的概率。这里，n_{ij} 表示 w_j 在类别 c_i 中的出现次数；N 表示语料库中的总主题词个数。式（6-8）是文本自动分类中的传统 Bayes 分类方法，该方法目的是使训练样本 D 错分到 c_i 类的错分概率 q_i 为最小，即：

$$q_i = 1 - P(c_i / D) = 1 - \frac{P(D / c_i)P(c_i)}{P(D)} = \frac{1}{P(D)}[P(D) - P(D / c_i)P(c_i)] \qquad i = 1, 2, \cdots, M$$

要使其最小，有：

$$q^* = \min\{q_k\} = \frac{1}{P(D)}[P(D) - \max\{P(D / c_k)P(c_k)\}] \qquad k = 1, 2, \cdots, M$$

Bayes 方法的薄弱环节在于实际情况下，类别总体的概率分布和各类样本的概率分布函数（或密度函数）常常是不知道的。为了获得它们，就要求样本足够大。

6.2.5 向量空间模型法

向量空间模型（Vector Space Model，VSM）是 20 世纪 60 年代末 Gerard Salton 等人提出的。它是最早、也是最出名的信息检索方面的数学模型。它依据语料库中训练文本和分类法建立类别向量空间，并用类别向量空间中的各个类别向量与文本特征向量进行相似度比较，找到与待测文本向量相似度最大的类别向量所对应的类别，作为待分文本的类别。

具体地，我们可以设第 i 个类的类别特征向量为 $V_i = (\text{Weight}_{i1}(w_1 / c_i), \cdots,$ $\text{Weight}_{ik}(w_k / c_i), \cdots, \text{Weight}_{im}(w_m / c_i))$，待分文本 j 的文本特征向量为 $D_j = (\text{Weight}_j(w_1), \cdots,$

$Weight_j(w_k), \cdots, Weight_j(w_m))$。首先，对 V_i 与 D_j 进行规范化，使得向量的模为 1（根据模式识别理论，对类别特征向量进行归一化，可保证每个类别特征向量的能量统一到单位能量上，做到不同类别文本样本的统一分析），然后用夹角余弦公式进行分类，如下式所示。

$$Sim(V_i, D_j) = \cos\theta = \frac{\sum_{k=1}^{m} v_{ik} d_{jk}}{\sqrt{\sum_{k=1}^{m} v_{ik}^2} \sqrt{\sum_{k=1}^{m} d_{jk}^2}}$$

基于空间向量模型的算法有很多，下面以线性最小方差映射法为例，解释空间向量模型的应用。

线性最小方差映射法是 Yiming Yang 等人提出的基于实例映射的分类算法，可以从文档训练集和它们的类号中自动地获得一个回归模型。该算法的主要思想是分别地建立文档和文档类的向量空间，文档空间和文档类空间都用矩阵来表示；两个向量空间采用不同的项，文档空间的项选用文档中的词（具有不同的权重），而文档类空间的项则为文本对应的类号（具有二进制权重）。通过求解训练向量对的一个线性最小平方差，我们可以得到一个词—类的回归系数矩阵。

$$F = \min \|FA - B\|^2$$

矩阵 **A** 和矩阵 **B** 分别代表训练数据，对应的列就是输入和输出向量对，而矩阵 F 是一个解矩阵（变换矩阵），该解矩阵定义了从一个任意文本到一个加权向量的映射。这样，就把分类问题转变为矩阵变换的问题。利用变换矩阵即可指导分类。

例如，对任意的文档向量 $x = (x_1, x_2, \cdots, x_N)$，它在文档类空间中的像 $y = (y_1, y_2, \cdots, y_L)$，可由下式导出：$y = (Fx^T)^T$。

y 的各分量 y_1, y_2, $\cdots$, y_L 中既有负值，又有正值，把这些值按从大到小的次序排列，就反映了 x 与各文档类 C_1, C_2, $\cdots$, C_L 相关度从大到小的次序。最大的正分量表明了 x 最有可能所属的类别，其余的正分量也都有可能是 x 所属的类别，其可能性依次递减；负分量所代表的文档类，包含 x 的可能性就较小。

当文档类不是由抽象的标识符，而是由描述词来表示的时候，若把文档类 C_i 表示为 $C_i = (C_{i1}, C_{i2}, \cdots, C_{iL})$，那么可用下式来计算文档类与文档的相关度：

$$relevance(x, C_i) = \cos(y, C_i) = \left(\sum_{j=1}^{L} y_j C_{ij}\right) \bigg/ \left(\sqrt{\sum_{j=1}^{L} y_j^2} \sqrt{\sum_{j=1}^{L} C_{ij}^2}\right)$$

本方法面对的主要困难仍是对于训练文档有极高的要求。不仅要提供大量的训练文档，还要求它们有良好的代表性，这样才能很好地估计将要处理的文档的分布情况。对和训练文档相差较大的文档，本方法就不能很好地识别。

6.3　本章小结

本章针对信息处理的众多基本模型和方法，选取了文本模式的匹配算法和分类算法两个最具有代表意义的信息处理模型方法进行较为详细的介绍。其中，文本模式的匹配算法介绍了经典的单模式和多模式匹配算法，还有针对性地介绍了汉语等多字节文本的匹配算法。在分类算法一节中详细介绍了现在较为经典、应用广泛的多个算法，并介绍了这些分类，算法的分类，以及各个算法的优缺点。通过对基本模型和方法的学习和了解，为更好地理解后续的内容打下了基础。

6.4 习题

1. 找一个或几个近似匹配的算法，并分析该算法与文中精确模式匹配算法的异同。
2. 简单比较最近邻分类法和先行分类法的异同。
3. 在匹配算法的基础上设计并实现在同一个文本中查找重复字串的快速算法。
4. 试着使用两种或多种分类方法提高分类精度。

第7章 信息过滤

本章首先概述了信息过滤的概念，回顾了信息过滤技术发展的历程，介绍了信息过滤的分类体系、评价反复，以及相关应用。随后，本章针对内容安全中的信息过滤进行了重点分析，最后分别详细讨论了基于主题抽取和基于分类的过滤系统。

7.1 信息过滤概述

信息过滤有很多定义，Belkin 和 Croft 的文章中给出了这样的定义：信息过滤是用以描述一系列将信息传递给需要它的用户处理过程的总称。文章给出了一个信息过滤通用模型，如图 7-1 所示。

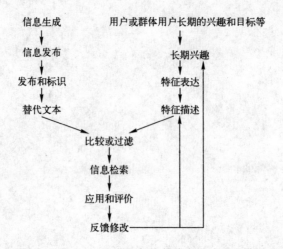

图 7-1　Belkin 和 Croft 提出的信息过滤通用模型

他们还在文章中指出：

1）相对于传统的数据库来说，信息过滤系统是一个针对非结构化或半结构化的信息系统。

2）信息过滤系统主要处理的是文本信息。

3）信息过滤系统常常要处理巨大的数据量。

Doug Oard 对信息过滤的定义为：通常，信息过滤系统的目的是从大量动态产生的信息中选择，并展现给那些满足他（或她）信息需求的用户。Tauritz 的定义为：信息过滤是根据给定的对信息的需求，只在输入数据流中保留特定数据的行为。

Hanani 等人给出了信息过滤的另一个定义：信息过滤是指从动态的信息流中将满足用户兴趣的信息挑选出来，用户的兴趣一般在较长一段时间内不会改变（静态）。信息过滤通常是在输入数据流中移除数据，而不是在输入数据流中找到数据。文章同样给出了一个通用信息过滤模型，如图 7-2 所示。

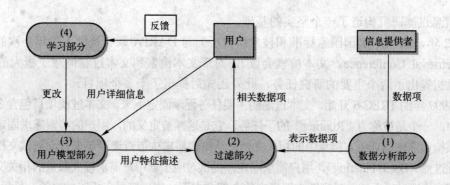

图 7-2　Hanani 等人的通用信息过滤模型

可以说，信息过滤的定义大致相似。简单地讲，信息过滤可以认为是满足用户信息需求的信息选择过程。在内容安全领域，信息过滤是提供信息的有效流动，消除或者减少信息过量、信息混乱、信息滥用造成的危害。但在目前的研究阶段看，仍然处于较为初级的研究阶段，为用户剔除不合适的信息是当前内容安全领域信息过滤的主要任务之一，例如为学校学生提供绿色互联网内容。本章也以不良信息的过滤作为讲述的重点。

7.1.1　信息过滤研究的历史

1958 年，美国的卢恩（Luhn）提出了"商业智能机器"的设想。在这个概念框架中，图书馆工作人员根据每个用户的不同需求，建立相应的查询模型，然后通过精确匹配的文本选择方法，为每个用户产生一个符合其查询需求的新文本清单。同时，记录用户所订阅的文本以用来更新用户的查询模型。他的工作涉及了信息过滤系统的每一个方面，为信息过滤的发展奠定了有力的基础。

1969 年，选择性信息分发系统（Selective Dissemination of Information，SDI）引起了人们的广泛兴趣。当时的系统大多遵循 Luhn 模型，只有很少的系统能够自动更新用户查询模型，其他大多数仍然依靠职业的技术人员或者由用户自己来维护。SDI 兴起的两个主要原因是实时电子文本的可用性和用户查询模型与文本匹配计算的可实现性。

1982 年，Denning 提出了"信息过滤"的概念。他描述了一个信息过滤的需求例子，对于实时的电子邮件，利用过滤机制识别出紧急的邮件和一般例行邮件。之后，1986 年，Malone 等人发表了较有影响的论文，并且研制了"Information Lens"系统，提出了 3 种信息选择模型，即认知、经济和社会。所谓认知模式，即基于信息本身的过滤；经济模式来自于 Denning 的"阈值接收"思想；其中社会模式是他最重要的贡献。在社会过滤系统中，文本的表示是基于以前读者对于文本的标注，通过交换信息自动识别具有共同兴趣的团体。

1989 年，在这个时期信息过滤获得了大规模的政府赞助。由美国 DARPA 资助的信息理解会议（Message Understanding Conference），极大地推动了信息过滤的发展。它将信息抽取技术支持信息的选择，在将自然语言处理技术引入信息过滤研究方面进行了积极的探索。

1990 年，DARPA 建立了 TIPSTER 计划，目的在于利用统计技术进行消息预选，然后再应用复杂的自然语言处理。这个文本预算过程称为"文本检测"。

1991 年，Bellcore 与 ACM 办公信息系统特别兴趣小组（SIGOIS）共同支持了一个高性能信息过滤（High Performance Information Filtering）会议，将已有的许多研究工作综合在一起，为信息过滤研究构造了一个坚实的基础。

1992 年，NIST（美国国家标准和技术研究所）与 DARPA 联合赞助了每年一次的 TREC（Text Retrieval Conference，文本检索会议），对于文本检索和文本过滤倾注了极大的热忱。TREC 最初提出了两个主要的研究任务，此外还先后提出了十多个项目。

从 1997 年的 TREC-6 开始，文本过滤的主要任务逐渐固定下来。文本过滤项目包含 3 个子任务。其中，一个是被称为"Routing"的子任务。它是这样被定义的，用户的检索需求固定，提供对应于该检索需求的训练文档集中的相关文档，从检索需求构造查询语句来查询测试文档集。另一个是批过滤（Batch Filtering），用户需求固定，提供对应于该用户需求较大数量的相关文档作为训练数据，构造过滤系统，对测试文档集中的全部文本逐一作出接受或拒绝的决策。最后引入的、也是最重要的子任务是自适应过滤（Adaptive Filtering）。它要求仅仅从主题描述出发，不提供或只提供很少的训练文档，对输入文本流中的文本逐一判断。对"接受"的文本，能得到用户的反馈信息，用以自适应地修正过滤模板。而被"拒绝"的文本是不提供反馈信息的。

7.1.2　信息过滤的分类体系

信息过滤按照操作方法、操作位置、过滤方法和获取用户知识的不同，可以使用如图 7-3 所示的分类体系图来进行表示。

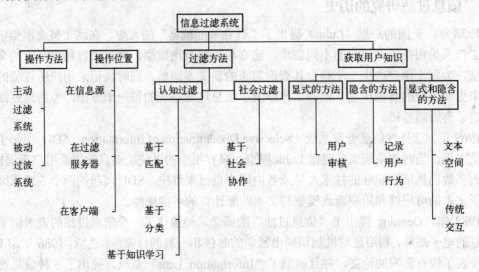

图 7-3　信息过滤的分类体系图

1. 按操作方法分类

（1）主动信息过滤系统

这些系统动态地为用户查找相关的信息。这种查找可以在一个很狭窄的领域内进行，如新闻组；也可以在很宽的领域内进行，如 WWW。系统通过用户的特征描述，在一定的空间中查找、搜集并发送相关的信息给用户。一些系统还采用了"推"技术，把相关信息"推"给用户。

（2）被动信息过滤系统

这种系统从输入信息流和数据中忽略不相关的信息。被动过滤系统通常应用到电子邮件过滤或者新闻组中，因为在这种系统中不需要收集数据。一些系统过滤出不相关的内容，而另外一些系统则提供给用户所有信息，但是按照相关性给出一个排序。一个典型的例子就是

GHOSTS 过滤系统。

2．过滤器所在位置

按照操作的位置不同，各种过滤方法可以在以下 3 种位置上应用。

（1）在信息的源头

在这种方法中，用户把自己的偏好提供给信息提供者。信息提供者就按照用户的特征描述把相关的信息提供给用户。这种类型的过滤又被称为"剪辑服务"。最典型的例子是 Bates 曾经提供给用户的一种服务，在对话系统中按照需求向用户提供不同的信息。但这种服务通常是付费的。

（2）在过滤服务器上

一些过滤系统是在特殊的服务器上实现的。一方面，用户将自己的偏好提交给服务器；另一方面，信息提供者将数据发送到服务器，最终由服务器来选择相关的信息返回给用户。服务器可以在不同的地理位置（分布式），可以被指定特定的主题和兴趣。最著名的这种过滤系统是 SIFT，由斯坦福大学的 Yan 和 Garcia-Molina 等人在 1994 年开发的。

（3）在客户端

这是过滤操作中最常用的位置。每个输入数据流都被本地的过滤系统进行评价，然后不相关的信息被移除，或者被按照相关性排序。上面讲到的 GHOSTS 就是作用在客户端的一个系统；如今的一些电子邮件程序，如 FoxMail、Outlook、Outlook Express 等软件都也有了邮件过滤的功能。

3．过滤方法

（1）认知过滤

Malone 等对认知过滤的定义：表现信息的内容及潜在信息接收者对信息的需求，然后智能的匹配信息并发送给用户。它又可被分为：基于内容的过滤和基于用户偏好的过滤。许多商业的过滤系统都是基于内容的过滤方法，例如 McCleary 的基于内容的商业过滤系统，就可以提供相关的新闻给用户。

（2）社会过滤

Malone 等对社会过滤的定义：通过个体和群体之间的关系进行的过滤。社会过滤的假设是找到其他有相似兴趣的用户，将这些用户感兴趣的内容推荐给特定用户。社会过滤与基于内容的过滤不同，它不是基于任何文档内容的信息，而是完全基于其他用户的使用模式。一些学者又将社会过滤称为协作式过滤（Collaborative Filtering）。社会过滤系统试图克服基于内容过滤系统的不足。为了可以"预测"用户的信息需求，所以需要从各个不同的角度去对用户兴趣建模，并对用户进行聚类。它是基于内容过滤系统的一种很好的补充。

4．获得知识的方法

不同的信息过滤系统使用不同的方法获取用户的知识。这些知识形成了用户模型，通常以用户特征描述或者规则的形式存在。获取用户知识的方法包括显式的方法和隐含的方法。

基于内容的方法不考虑特殊用户群体的特点，针对内容进行区别对待，可用的方法有基于匹配的方法、基于分类的方法等；基于用户编好的方法，需要对用户进行分析，掌握用户的特点和兴趣，为用户建立数据或者行为档案，并对用户特点进行描述，更多地采用基于知识学习的方法进行。

（1）显式的方法

显式的方法包括用户的审核和填充表单。这是最通用的显式方法，通常要求用户填充一个描述用户兴趣和其他相关参数的一个表单，系统利用这种方法，得到用户的偏好。比较著名的例子就是 WAITS。前面提到的 SIFT 和 McCleary 的工作，也都使用了类似的方法。

（2）隐含的方法

隐含的方法不需要用户的参与知识询问，对用户来讲，这是一种更容易接受的方法。这种方法往往通过记录用户的行为，例如 Web 浏览的时间、次数、上下文、行为（保存、放弃、打印、浏览或点击）等来学习用户的兴趣，并建立用户的特征描述。

7.1.3 信息过滤的应用

信息过滤可以被应用到很多方面，以下是它最常见的应用。

1．Internet 搜索结果的过滤

即使是用目前最好的搜索引擎 Google 进行搜索，同一个问题都会返回的数目众多的结果。对绝大多数用户来说，这是一个令人头痛的问题。所以在搜索结果中进一步按照用户偏好进行过滤，对 Internet 搜索是一种很好的补充。

2．用户电子邮件过滤

电子邮件已经成为用户在 Internet 上使用最多的工具之一。垃圾邮件烦恼着每个电子邮件用户。使用信息过滤技术，可以在反垃圾邮件中作出一定的贡献。

3．服务器/新闻组过滤

在服务器/新闻组端，在第一时间对不良信息进行过滤，避免类似信息的传播，是 ISP 最希望做到的。所以将信息过滤技术应用在服务器/新闻组，有广阔的应用空间。

4．浏览器过滤

定制客户端的浏览器，按照用户的偏好，在浏览时直接对相关信息进行过滤，也是信息过滤的一种很好的应用方向。

5．专为孩子的过滤

孩子是最容易被色情、暴力、反动信息迷惑的人群。使用信息过滤技术，为孩子的网络世界创造一个洁净的天地，是各国信息过滤研究者都致力研究的方向，也是家长、老师们的共同心愿。

6．为客户的过滤——用户爱好推荐

在 Internet 网络服务中，不同的客户有不同的爱好、兴趣，针对不同客户的需要，对各自的特点进行推荐，同样是信息过滤发展的一个重要方向。

7.1.4 信息过滤的评价

人们通常都是通过使用信息检索的评价方法来对信息过滤进行评价，最为常用的是信息检索中的两个指标：查全率和查准率。对于在信息过滤中的应用，可以做如下定义。

定义 1 查全率，或称召回率，是被过滤出的正确文本占应被过滤文本的比率，其数学公式为

$$查全率 = \frac{过滤出的正确文本数}{应被过滤的文本总数}$$

定义 2 查准率，或称准确率，是被过滤出的正确文本占全部被过滤出文本的比率。其数学公式表示为

$$\text{查准率} = \frac{\text{过滤出的正确文本数}}{\text{过滤出的文本总数}}。$$

但实际上，信息过滤的评价是一个很复杂的工作，并没有一个真正的标准，即使目前也是如此。

在实际评价中，还可以通过以下方法来进行评价。

1）通过试验来评价。

2）通过模拟来评价，如 TREC。

1．通过试验来评价

这种评价方法必须在实际系统上进行，评价是基于系统使用者的参与。这种评价方法依赖于参加评价人员的人数和运行的系统。研究者应该考虑这通过有限的文章和查询过滤产生的结果能否被推广到其他领域中。Tague-Sutcliffe 在文章中指出了设计一个好的试验应该提供的选择。通过试验，由 Internet 用户来评价是过滤系统常常使用的方法。例如，GroupLens、Fab 系统。

2．通过模拟来评价

通过模拟来评价的一个主要好处是使用同样的数据来测试多个系统实现方法。这样就可以评估当使用不同的方法时，过滤模块（方法）在系统中的性能。它的主要缺点：为了得到结论，结果必须被归纳。但是，归纳很少非常准确，因为在实际情况、实际数据库和实际用户中，结论往往是不同的。

有很多种模拟的方法。一些研究者使用用户的偏好、特征描述、反馈来进行模拟，例如NEWT 系统；还有像 Michel 一样的诊断性的模拟评估；更多的模拟过滤系统是以批处理的方式来执行，而不是用户与系统相互作用。在 Shapira 的系统和 TREC−6 系统中，都使用了这种方法来评价过滤系统。

7.2 内容安全的信息过滤

7.2.1 信息过滤与其他信息处理的异同

信息过滤不同于信息检索（Information Retrieval），信息过滤应用了大量信息检索的方法去实现信息过滤，同时信息过滤又在很多方面不同于信息检索：

1）广义地讲，信息过滤是信息检索的一部分。

2）信息过滤的信息需求将反复使用，长期用来进行特征描述；信息检索的信息需求往往只是用户查询时使用一次。

3）信息过滤是过滤出不相关的数据项或者收集数据项；信息检索是选择相关的数据项来查询。

4）信息过滤的数据库是动态的，但是需求是静态的；信息检索的数据库是静态，同时需求也是静态的。

5）信息过滤使用用户偏好，而信息检索使用一般查询。

6）信息过滤用户要对系统有所了解，信息检索不需要。

7）信息过滤要涉及用户建模/个人隐私等社会问题。

信息过滤与信息检索针对不同信息需求的变化如图 7-4 所示。

图 7-4　信息过滤与信息检索针对不同信息需求的变化

信息过滤和分类（Classification）之间的关系：

1）分类法中的分类不会经常改变。相对而言，用户偏好会动态变化。

2）信息过滤需要用到分类的方法。

信息过滤和信息提取（Information Extraction）之间的关系：

1）信息提取是指从一段文本中抽取指定的一类信息（例如事件、事实），并将其（形成结构化的数据）填入一个数据库中供用户查询使用的过程。

2）信息过滤关心相关性，信息提取只关心抽取的那些部分，不管相关性（在知识表示中有很大的区别）。

信息过滤和其他信息处理的区别如表 7-1 所示。

表 7-1　信息过滤和其他信息处理的区别

处　　理	信　息　需　要	信　息　源
信息过滤	稳定的、特定的信息	动态的、非结构化的
信息检索	动态的、特定的信息	稳定的、非结构化的
数据访问	动态的、特定的信息	稳定的、结构化的
信息提取	特定的信息	非结构化的

7.2.2　用户过滤和安全过滤

网络内容安全是网络安全的一个重要组成部分，它指的是信息发布、传输过程中，由于信息内容的不适当传播而引发的安全问题。随着网络成为信息发布与传播的一种高效、开放的平台，并日益得到越来越广泛的应用，网络内容安全也引起了越来越多的关注。网络内容安全包含两个基本方面：数据安全和社会安全。即对危害数据安全和危害社会安全的两类信息，它们的发布和传播过程都需要进行有效的控制和过滤。

根据过滤目的的不同，可以把信息过滤分为两类：一类是以用户（如个人、团体、公司或机构）兴趣为出发点，为用户筛选、提交最可能满足用户兴趣的信息，称为"用户兴趣过滤"，简称"用户过滤"；另一类是以网络内容安全为出发点，为用户去除可能造成危害的信息，或阻断其进一步的传输，称为安全过滤。

随着社会对保证网络内容安全越来越急迫的要求，安全过滤的技术研究与实践理应得到更多的关注。要保障网络内容安全，就要控制危害数据安全和社会安全信息的发布与传播。危害数据安全的情况主要表现在以下两个方面：

1）受控信息在网络上的不当流通，例如机构内部机密数据的外流。这种情况的出现可能是侵入型的，例如黑客入侵。也可以是内部型的，例如能接触到受控信息的合法用户有意无意的泄漏行为，对这种泄漏就需要通过对信息的自动过滤来防止。

2）危害到计算机系统安全及受控信息安全的信息流通，例如病毒和木马。此类信息是可执行代码，有二进制、脚本代码等不同形式。现有的病毒防火墙等就是自动进行此类信息过滤的实用系统。

以上信息统称为"**有害信息**"，它们都是安全过滤所应该过滤的信息。消除这些信息造成危害最好的方法就是阻断它们的传播。但由于网络分布式的特点及其海量的数据，用人工的方法显然是难以完成的。所以对"有害信息"的自动过滤是这类问题的最终解决方法。已有信息过滤的研究中，其侧重点更多的属于用户过滤。

安全过滤和用户过滤所使用的技术和方法有着很多相同之处。它们都是从待处理的原始信息中分辨出要过滤的特定信息，并进行相应的处理。在实现方法上，它们都可以借鉴和使用自动检索、自动分类、自动标引等信息自动处理的方法与技术。用户过滤的常规结构通常包括过滤特征描述、数据特征表示和过滤过程3部分。即：

1）如何建立及更新待过滤信息的特征描述（Profile）。

2）如何进行待过滤信息的特征抽取。

3）如何进行信息间特征匹配，以及进一步处理。

在过滤内容及具体实现方面，安全过滤和用户过滤并不是泾渭分明的。安全过滤的系统结构同样具有以上三大模块。实际上，它们可能会在同一个信息过滤系统的不同子系统中出现，例如一个电子邮件过滤系统中可能包含：病毒、木马检查；机密数据审查；有害信息屏蔽；垃圾邮件清理；E-mail 重要性评估，以及邮件分类等内容。其中，后三项属于用户兴趣过滤，而前三项则属于安全过滤。

安全过滤与用户过滤相比，除了具有上述相似以外，还有以下具体的异同：

1）用户过滤的特征描述针对的是用户长期的信息需求，但即使是用户长期的兴趣，这种需求也是在不断转移和变化的；安全过滤中有害信息的特征表达与其相比则相对固定；在相当长的时期内，会有增加，但基本上不会发生变化。

2）用户过滤侧重于信息的主题内容；而安全过滤则较为侧重于信息中的细节部分。所以安全过滤所要过滤的信息单元要比用户过滤小。

3）用户过滤通常为防止丢失具有潜在价值的信息，而不删除信息；安全过滤则一般会直接删除过滤出的信息，因此安全过滤系统要求更高的准确度。

4）用户过滤系统的设计目标是提供用户辅助的信息发现，以及协助加快浏览，是辅助性的系统；内容安全过滤系统的设计目标是尽可能准确地过滤掉不良信息，避免用户浏览相关信息，是自主性的系统。

5）在用户界面的设计和实现上，用户过滤系统通常采用友好的界面使用户能够更便捷有效地表达兴趣，以及采用各种可视化手段协助用户来自行进行信息相关度的判断；而安全过滤系统通常不需要提供此类界面。

6）及时和方便的用户反馈在用户过滤中受到相当多的重视，用户群的社会合作过滤（Collaborative Filtering）也是用户过滤的研究重点；而安全过滤基本无需用户反馈和群体合作。

7）用户过滤的测试工作主要依靠用户来判断，主观性强，且由于用户兴趣的转移，会引起评估准确度误差；安全过滤的评估则相对客观。

8）在评价指标上，用户过滤应用最为普遍的是准确率和召回率；安全过滤的评价指标同样可以采用这两个指标。

由于安全过滤与用户过滤有着以上的异同，安全过滤的技术实现可以在参考用户过滤技术的基础上得以发展。

7.2.3　现有信息过滤系统及技术

进行 Internet 不良信息的过滤已经成为世界各国的共识。欧盟在 1996 年就发起了一个称为《提倡安全使用 Internet 的行动计划》；1997 年，欧盟向世界电信委员会提出了欧盟成员国向 Internet 不良内容作斗争的报告（http://europa.eu.int/ISPO/legal/en /internet/internet.html）；2000 年，美国克林顿总统签署了《儿童 Internet 保护法案》，以立法的形式保证学校、图书馆等对 Internet 不良信息进行过滤（Public Law 106-554. http://www.ala.org）；2003 年，美国前总统布什签署了新法案，在互联网上建立儿童专用的域名，在其中杜绝所有不适合 13 岁以下儿童接触的信息；世界上许多国家也对此作出了很多有益的努力，有相关的提议和规则出台，如项目 DAPHNE（http://europa.eu.int/comm/sg/daphne/en/index.htm）、WHOA（Women Halting Online Abuse，http://whoa.femail.com）、SafetyEd International（http://www.safetyed.org）和 PedoWatch（http://pedowatch.org/pedowatch），都是旨在净化 Internet 而发起的。

中国政府颁布的一系列互联网管理办法（http://www.cnnic.gov.cn/policy）中，也明确列出了需要禁止的 9 种信息。另外，中国政府在加强网络服务商及信息服务商监管力度的同时，也很重视安全过滤中自动过滤技术的发展，并在这方面投入了很多的科研力量。在中国，上海交通大学电子工程系现代通信研究所承担的 863 信息安全主题的重大项目中，就有一部分内容是围绕这个课题进行深入研究的。

PICS（Platform for Internet Content Selection）是应用最为广泛的基于 WWW 浏览的分级标准协议（http://www.w3.org/PICS）。PICS 提供了过滤规则定义语言 PICSRules，这个规则允许父母、老师和图书馆员来指定哪些信息是适合孩子浏览的。通过建立和保存网络站点分级标志，提供给网络用户，并由支持 PICS 的浏览器（如 Internet Explorer）实现内容过滤。除了 PICS 模式以外，还有很多类型的不良信息过滤服务，如图 7-5 所示。图 7-5 是根据前面讨论的过滤位置不同进行的分类。

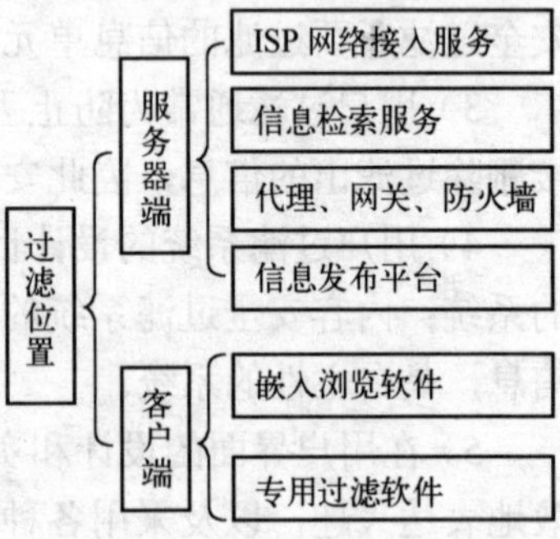

服务器端的过滤系统可以综合使用搜索技术、个人评价、监视和数据库更新等方法，采用高速的机器，取得良好的性能。但是，服务器端的过滤方式欠灵活，对用户的个性化需求不能满足，它在管理和维护支持上的花费较高，而且还会降低网络的效率。

图 7-5　安全过滤的分类

客户端过滤常用的方法是关键词过滤；这些软件对从 Internet 上下载的文章进行关键词匹配，如果存在关键词列表中的词或者一些词的组合，则过滤掉；这些软件还都可以针对网址进行过滤。针对服务器端的过滤系统而言，客户端软件过滤可以给用户更大的灵活性（自定义关键词和 URL 列表），但是在客户端过滤的速度、性能、URL 和关键词数据库更新方面，都不能得到较好的保障。

表 7-2 针对现有不良信息过滤系统列出了一些常用的过滤系统。除此以外，一些信息检索服务商还提供对检索结果内容的过滤，例如 AltaVista（http://www.alltheweb.com）提供对令人讨厌内容的过滤选项，供用户选择使用。也有不少网站提供安全网上冲浪的入口

网页，由这个网页提供的链接都是经过审查的"绿色网站"。如 Yahoo Ligans（http://www.yahooligans.com）、Surfing The Net（http://www.surfnetkids.com）提供的网站链接都是由人工精心挑选的。

表 7-2　现有不良信息过滤系统

系 统 名 称	过 滤 位 置	过 滤 内 容	具 体 实 现
Honorguard （http://www.honorguard.net/）	网络接入	攻击性或色情内容	采用人工制定的规则自动搜索因特网，并由人最终判断、生成阻塞网址列表，实现网址阻塞
FamilyConnect（http://www.familyconnect.com/）	客户端专用工具	色情、暴力、聊天等	专门服务器提供阻断 URL 和 IP 列表，并过滤搜索引擎的搜索关键词（软硬两种实现）
4 Safe Internet（http://www.4safeinternet.com）	网络接入	色情	提供网站标题及内容的人工审查，过滤掉含有色情内容的网站
HedgeBuilders（http://www.hedge.org/）	客户端及 Proxy 两类	色情、暴力、暴露等	专用服务器提供阻断 URL 和 IP 列表，过滤搜索关键词。列表靠人工更新
Turnkey Filtering Servers（http://www.stbernard.com/products/iprism/products_iprism.asp）	网关	不适当访问:色情等与工作无关内容	硬件产品。阻断 URL，URL 列表由人工生成，并可进行实时数据更新
Dedicated Filtering Appliances（http://www.8e6technologies.com/products/r2000/）	网关或路由	妨碍工作效率的内容	硬件产品。对 IP 包进行过滤，监视网站访问，阻塞 IP 地址
CYBER PATROL（http://www.cyberpatrol.com/）	客户端工具	过滤色情暴力;控制聊天;保护隐私	专用服务器提供 PICS 标注数据;客户端完成关键词过滤、PICS 分级标注过滤和自定义网址过滤
SurfWatch http://www1.surfwatch.com/	客户端专用工具	垃圾邮件、机密信息、病毒等恶意代码、色情等不良内容，以及与工作无关的内容	病毒检查、过滤已知不良信息来源、利用用户可自定义的关键词词典进行布尔逻辑匹配、神经网络技术用于自动检测不良内容、支持多种语言、支持图像过滤
SurfMonkey（http://www.surfmonkey.com/default.asp）ChiBrow （http://www.chibrow.com/）	客户端专用浏览器	儿童不宜内容	提供可修订更新的绿色网站列表;提供可修订更新的阻塞网站列表

虽然过滤的地点不同，所过滤的内容也有些不同，但在目前过滤系统的实现方法上并没有太多不同，这些实现方法主要有以下几种：

1）建立不良网站的 URL 或者 IP 列表数据库，当用户访问这些站点时给予阻断。建立绿色网站 URL 数据库，只允许用户访问这些站点。这个方法我们称为 URL（IP）过滤。

2）建立网站的分级标注，通过浏览器的安全设置选项实现过滤。

3）对文本内容、文档的元数据、检索词、URL 等进行关键词简单匹配或者布尔逻辑运算，对满足匹配条件的网页或者网站进行过滤。这个方法可统称为关键词过滤。

4）基于内容的过滤，应用人工智能技术，判断信息是否属于不良或不宜信息。

在实际应用中，前 3 种方法应用范围最广。表 7-3 对这些方法进行了简单的比较。

表 7-3　目前常用的过滤方法比较

技术路线	速　度	灵活性	技术难度	防欺骗性	因特网覆盖
URL、IP 过滤	快	差	易	差	窄
关键词过滤	快	中	易	中	广
人工分级标志	快	中	易	差	窄
基于内容的过滤	慢	好	难	好	广

URL 过滤方法的缺陷表现在两个方面：

1）URL 列表的更新无法跟上网络上不良网站的增加和变化速度。

2）用户可以轻易地通过代理、镜像等获取到被封锁网站上的内容。关键词过滤的主要缺陷在于其错误率过高，导致封锁范围扩大化。

分级标注过滤除了面临与 URL 过滤类似的问题，还存在蓄意错误标注，误导读者的可能。内容过滤的最大问题在于其运行速度慢，以及技术实现的难度较大。多数现有的系统混合应用了各种方法，来改善单一方法的局限性。

有的系统还针对特定过滤方法的缺陷进行了一定的改进。例如，Honorguard 系统为了加强对因特网的覆盖，通过爬行者（Crawler）自动搜索，并辅以规则判断来加快更新 URL 列表的速度。但为保证其阻断的正确性，列表还是经由人来最终审核。Benjamin Edelman 的试验表明，现有商业软件对色情网站的过滤最高达到 70%～90%。新加坡大学的一项研究中，在 URL 过滤的基础上进行了基于内容过滤的实践，对 Web 文本的链接、复合词等遵循一定启发性规则进行分析，使系统能够加快 URL 列表的更新速度，由此过滤效率从 60%提升到 85%～90%。Yi Chan 研究对色情图片的过滤算法中，把关键词和特定语句在文本中的出现作为辅助的判断依据，加入了对图片所附着的文本及 HTML 标志（Tag）的分析。

但随着网络的不断发展，尤其是各种新型分布式系统、协议、技术的发展，对信息来源进行封堵的方法不再能起到良好的效果。新的信息流通机制，如 P2P，使得信息的流通失去了很多可利用的辅助信息，如作者名、信息链接、出处等。这种情况下，对于不良信息的过滤只能基于信息的自身内容进行。所以基于内容的过滤将成为，也必然成为安全过滤发展的趋势和方向。

7.3 基于匹配的文本过滤

对信息来源地的封堵是在各类不良信息过滤系统中应用最为广泛的方法，目前中国互联网的过滤方法基本上也是基于 URL 过滤或对 IP 进行封堵。根据 Harvard Law School 的研究结果，中国互联网对国外色情网站的封堵大约只占所有色情网站的 13.4%。如何快速及时地更新应该被封堵的 URL/IP 列表，是这类方法最关键的问题。根据不完全估计，全球大约有 500 000 以上的色情网站；另外，每天都有新的色情网站加入到因特网中，还有很多提供信息中转的代理服务，以方便用户从旁路获得被封堵的信息内容。因此，基于 URL 或 IP 封堵的过滤方法有其极大的局限性。

目前，过滤常用的第二种方法是应用网站的分级标注，这首先需要用户浏览器的配合；其次，分级标注信息的建立同样存在无法及时跟上因特网变化的问题。另外，还存在着蓄意错误标注以误导用户访问的情况。

特征字串匹配法也是被各类过滤系统广泛应用的方法之一。文档元数据的特征字串是指在 URL、标题、作者等文档的元数据中与不良内容常相伴出现的字串，例如色情网站的 URL 中常出现"xxx"、"aaa"等，这些都可以认为是特征字串。但通过在元数据中匹配特征字串来进行过滤，其错误率相当高，实用效果很差。例如，www.aaai.org 本是一个学术网站，但却被一些过滤软件所封堵。

除文档元数据特征字串匹配过滤以外，还有基于文档内容特征字串的过滤（关键词匹配）。这种方法首先对信息内容进行特征字串的匹配，然后辅以一定的启发规则（如简单的特征字串布尔与、或规则）进行判断。这是目前基于内容匹配的文本不良信息自动过滤的基本方法。

7.3.1 特征字串匹配查全率估算

下面通过几个试验，粗略估计这个方法的效果。在试验中，我们借用信息检索的两个指标：查全率（Recall）和准确率（Precision）来进行试验效果的评价。针对汉语文本的不良信息过滤（在试验所采用的不良信息主要以色情信息为主），试验中采用的样本都是汉语文本。

我们进行了如下试验来估计特征字串匹配法的查全率：首先收集色情样本集（色情样本集由人工建立，共包含 4000 个样本，全部为汉语纯文本格式），并从中提取可用于特征字串法的特征字串。在样本集中，随机选择 1600 篇样本，采用文章所介绍的主题词抽取算法自动抽取并经过人工挑选，初步建立了一个包含 815 个词的特征词表。下面将分析这些特征字串在全体样本集中的分布情况，并进而估计特征字串法的查全率。

在初选的特征词表中，根据特征词在所有样本中出现概率（借用数据挖掘术语"置信率" B 来表示）的多少生成了 5 个大小不等的特征词表，分别包含 815（全部词条），以及 236（B>=2.5%）、154（B>=5%）、78（B>=10%）、34（B>=20%）个特征词。应用这 5 个词表，分别统计文档中包含 3、5、8、15 个以上特征词的样本覆盖率（即出现 N 个特征词的样本占全部样本的比例）。

置信率：$B=(D/S)\times 100\%$

其中，B 为特征词的置信率；D 为特征词出现的文档数；S 为样本集文档总数。

样本覆盖率：$C=(D'/S)\times 100\%$

其中，C 为样本覆盖率；D' 为文档中出现 N 个特征词的文档数；S 为样本集文档总数。在这里用样本覆盖率来近似替代查全率。

统计结果如图 7-6 所示。

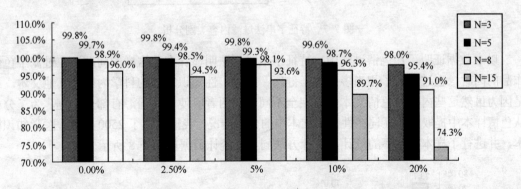

图 7-6　色情样本覆盖率与特征词表及特征词个数关系

从图 7-6 中可看出，随着特征词表词条的增多，样本覆盖率总数的趋势是增加的。但是，特征词表中词条数目的增加，在提高了查全率的同时，必然会导致准确率的下降。而且，试验表明，词条数目的增加速度与覆盖率的增加速度并不是成正比的，包含 815 个词条的词表中 3 特征词的覆盖率与只包含 154 个词条的词表相同；78 个词条的词表中的 3 特征词覆盖率只比 154 个词条的词表中的低 0.2%。这说明，在实际的系统中，应该慎重增加特征词表中的词条数目。

从图 7-6 还可以看出，样本覆盖率随样本中出现特征词表特征项数的增多而降低，而且降低幅度明显加快。样本包含 5 特征词的样本覆盖率基本上比包含 3 特征词的样本覆盖率平均低 0.5 个百分点，8 特征词的样本覆盖率比 5 特征词的平均低 1.2 个百分点。随着特征词表中词条数量的降低，覆盖率的降低更为明显。

根据以上的统计数据可以看出，通过 3 特征词的组合使用，进行特征字串匹配以过滤色情文本的方法（即文本中包含 3 个或以上特征词的，就被认为是色情文本），其覆盖率（查全率）相当可观，即使使用 78 个词条的特征词表也能够达到 99.6％的高查全率。这也就是特征字串法被广泛应用的原因所在。

7.3.2 准确率估算试验

应用 78 个词条的特征词表在 Google（http://www.google.com）上进行 3 特征词组合的搜索，在返回的 4.2 万多个结果中随机选择了 8000 个结果进行人工统计。结果如图 7-7 所示，其中只有 22％的属于色情文本（包括色情小说、成人用品介绍或色情短信等）。其余的文本有 30％的为医学知识（以性知识为主），另有 48％的其他文本（娱乐体育新闻类 16％、女性美容美体类 27％）。也就是说，在以上试验条件下，特征字串法过滤的准确率近似只有 22％。

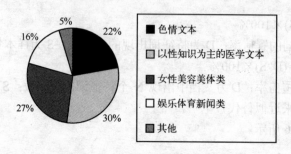

图 7-7 特征字串法过滤内容类别分析

以上数据证明了在色情过滤中，特征字串匹配法明显存在着这样的问题：在过滤了色情作品的同时，也过滤掉了相当多的关于健康、医学、性知识方面的科学内容及其他文本。这是因为虽然这些内容与色情文本性质完全不同，但两者所使用的词汇有部分重复。为了分析从色情样本中提取的特征词在性知识文本中的分布情况，我们收集了 2500 篇性、医学知识样本，并进行了样本覆盖率的统计，统计方法同上。统计数据如图 7-8 所示。

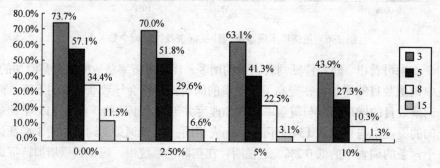

图 7-8 性知识样本覆盖率与特征词表及特征词个数的关系

由图 7-8 可见，使用 78 个词条的色情特征词表能覆盖 43.9％的性知识文本，且随着特征词表的扩大，该词表对性知识文本的覆盖率也急剧增大。这说明，色情文本中常见的词汇在性知识文本中的分布同样相当广泛。这种情况在一些娱乐新闻和美容美体文本中也同样存在。

通过上述试验，我们可以清楚的看到：虽然特征字串法过滤色情文本可以做到较高查全率，但准确率却难以保证。这正是目前所有基于内容的不良信息过滤研究中的难点所在。而且，被错误过滤的非色情文本的类别非常集中（医学知识类、娱乐体育新闻类和女性美容美体类），这三类文本共占其中的 93％，称这三类文本为色情文本的"邻近类别"。基于此，我们提出了基于邻近类别分类的过滤思想：即在使用特征字串法进行初步过滤的基础上，针对过滤结果中掺杂的其他信息（邻近类别）进行分类后，进而进行再次过滤。

7.4 基于邻近类别分类的过滤

借鉴 Belkin 提出的信息检索模型（见图 7-9a），我们提出了一个基于内容的安全过滤系统模型（见图 7-9b）。其中"特征提取（Feature Extraction）"、"特征精选（Feature Refinement）"、"邻近类别分类（Neighborhood Classification）"和"分级或标注（Ranking or Labeling）"这 4 个模块是该安全过滤模型中全新和独有的内容。

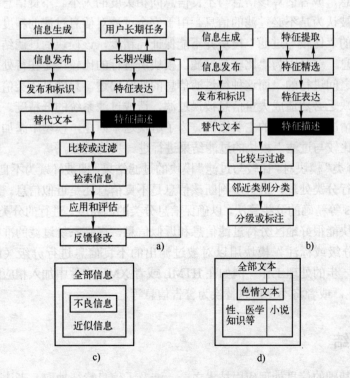

图 7-9 基于内容的安全过滤系统模型

假设过滤系统处理的全部信息用全集 A 表示，不良信息用集合 R 表示，那么不被过滤的信息就是 R 的补集 $\overline{R}$。在应用人工智能的各种学习或者分类算法来识别这两类信息时，只有

R 可建立足够大样本集来表示，而 $\overline{R}$ 却很难。所以在实际研究中，定义了"近似信息"来替代。近似信息（见图 7-9c）是与不良信息的某些外在特征近似，但在性质上却截然不同的信息。例如，色情文本的近似文本有与其文体相同的小说、散文等描述性文本，和与其使用类似词汇的性知识、医学类文本等，如图 7-9d）所示。这样在设计和开发过滤系统过程中，可以有针对性地识别近似信息和不良信息，从而达到把不良信息从其他信息中过滤出来的目的。

安全过滤是指从待过滤的一类不良信息样本集、案例集出发，进行样本或案例的"特征抽取"，从中抽取或挖掘出不良信息的特征，然后剔除近似信息中同样具备的特征，以进行"特征精选"。在待过滤信息的近似信息中进行"特征精选"，其优势是显而易见的。由于近似信息的种类有限，特征分布较为集中，所以能够便捷地分辨出那些在待过滤信息中广泛出现，但并不专属于待过滤信息的特征。例如，在色情文本中广泛出现的词汇中，存在着在所有文本中都广泛出现的高频词汇，这些词汇在色情文本的近似文本中同样广泛出现。"特征抽取"和"特征精选"两个模块以近似信息作为负样本，待过滤信息为正样本，挖掘待过滤信息的特征表达。特征选择的最后阶段是把精选后的特征表达（Representation）成此类不良信息的特征描述（Profile or Query）。

"比较与过滤（Comparison and Filtering）"模块用来进行信息替代文本与特征描述之间的匹配比较。根据匹配程度的高低（或者成功匹配部分在信息中所占的比例等数据）来判断信息是否为不良信息，或者估算该信息与不良信息间相关度的大小。不良信息相关度小于给定阈值的信息，则被认为是不必过滤的信息。由于安全过滤对信息过滤的精度要求比用户兴趣过滤要高，单纯的"比较与过滤"模块并不能保证高精度，该模块的过滤结果通常混杂有相当数量的近似信息。这是因为"比较与过滤"模块所进行的比较，是在待处理信息与待过滤信息的特征描述之间进行的。而这种待过滤信息的特征描述，只能是该类信息部分的正面描述。负面描述的缺乏必然造成大量信息被误过滤，造成过滤系统的低精度。这也是目前安全过滤系统误过滤情况较为严重的主要原因。为了解决这个问题，模型中添加了"邻近类别分类"模块来对"比较与过滤"模块的过滤结果进行进一步的处理。

"邻近类别分类"模块对"比较与过滤"模块的过滤结果，即被怀疑为不良信息的信息（称为疑似信息）进行分类处理，进一步判断该信息是不良信息还是近似信息。这一步算法可以应用 KNN、Bayes 等精确的分类算法，以确保信息分类的高精度。进行的分类试验证实了"邻近类别分类"模块能很好地区分待过滤信息和近似信息，提高系统过滤的准确度，提高系统实用化水平。"分级或标注"模块用以对被过滤出的不良信息进行分级（Ranking）、标注（Labeling）等进一步的处理工作，例如在 HTML 或者 XML 文件中加入相应的 Tag 标记，或者进行 PICS 标注，或者将不良信息替换为警告信息等。

7.5　本章小结

信息过滤是基础的信息处理应用技术之一，涉及了信息特征抽取、表达、分类和聚类等基本的信息处理技术。信息过滤在信息获取、信息收集等各个应用领域使用广泛。在信息内容安全领域，是垃圾邮件过滤、病毒等有害代码过滤的基础技术。本章从介绍信息过滤系统的分类开始，介绍信息过滤系统实现的各种方法并分析各类方法的优缺点。随后通过一个在信息内容安全领域中的特定信息过滤系统来说明内容安全过滤和其他信息过滤系统的异同，并探讨了一种专门设计在该内容安全过滤系统中使用，以提高准确性的过滤方法。通过对于具体系统的分析和试验，为大家设计并实现更加灵活和高性能的过滤方案提供思路。

7.6 习题

1. 如何描述病毒的特征？如何实现基于匹配的病毒过滤？
2. 病毒过滤系统的分类体系是否可用文中提出的分类方法进行分类？
3. 简单比较客户端病毒过滤系统和服务器端病毒过滤系统的异同和优缺点。
4. 你认为病毒过滤是否也可以通过社会过滤来实现？
5. 应用社会过滤方法的过滤系统面临的威胁有哪些？

第8章 数字水印

8.1 数字水印概述

本章对近年来新兴起的数字水印技术进行一个概括的阐述。由于数字水印技术涉及的领域比较宽泛,这里仅对一些常见的、通用的数字水印技术进行概述。对数字水印技术以及信息隐藏技术感兴趣的读者,可以进一步查阅相关书籍。

作为一种新的信息安全技术,数字水印技术是集合了密码学、计算机学、心理学、通信学、图像处理学、语音学、机器智能学、物理学、生物学等的综合学科。如果说数字水印技术不像密码学一样,主要是因为数字水印技术目前多用于一些工程应用实践,而在基础理论方面缺乏像密码学一样严谨的数学逻辑和公式推导。但是数字水印技术的基本思想却是密码学所不具备的,那就是把重要信息隐藏于其他非重要信息载体的方法集合。由此数字水印技术也产生了很多新不同于密码学的用途。

目前,很多学者仍在争论数字水印技术到底是否是一门独立的信息安全新学科,该技术与密码学是否相互矛盾等问题。笔者认为,数字水印技术必然会发展成为一门重要的学科,而且与密码学是一种互补的信息安全技术。有鉴于此,本章把数字水印技术对读者进行一个简述,有助于读者充分理解信息安全的该项技术。

8.1.1 数字水印的历史

一般认为,水印起源于古老的水印技术。这里提到的"水印"技术是指传统水印,即印在传统载体上的水印,直观的理解就是水洒到纸上的印记。例如,纸币、邮票或股票上的水印等,将它们对着光照可以看到其中隐藏的图像。人们使用这些传统的"水印"来证明票证的合法性。

1282 年,纸水印便在意大利的 Fabriano 镇出现。这些纸水印是通过在纸模中加细线模板制造厚薄不一的纸,形成水印。到了 18 世纪,在欧洲国家和美国制造的产品中,纸水印已经变得相当的实用了。水印被用来记录纸张的生产日期,显示原始纸片的尺寸。大约也是这个时期,水印开始用于钞票和其他有价证券的防伪措施。公元 998~1021 年,四川民间发明了银票"交子"。交子正面都有银票庄的印记,有密码画押,票面金额在使用时填写,可以兑换,也可以流通。直到今天,传统水印仍被广泛地应用在制钞过程,以及各种票据的鉴定和防伪中。数字水印和纸上水印有着类似的思想,应用的场合更加广泛。

数字水印的产生最早可追溯到 1954 年,Muzak 公司的埃米利·希姆布鲁克(Emil Hembrooke)为带有水印的音乐作品申请了一项专利。在这项专利中,通过间歇性地应用中心频率为 1kHz 的窄带陷波滤波器将认证码嵌入到音乐中。某频率上能量的缺失表明该处应用了陷波滤波器,而缺失的持续时间通常被编码为点或长划,形成莫尔斯电码作为认证码。该专利声称"所述发明使得原创音乐的正确辨认成为可能,从而形成了一个有效阻止盗版的方法,即本发明可类比为纸上的水印"。至此，数字水印思想进入人们的视野。

尽管如此，数字水印技术的研究并没有引起人们的注意。直到 20 世纪 90 年代互联网深入到人们生活的各个角落，数字多媒体产品在互联网上得到广泛传播，这些数字产品的版权问题日益突出，对数字产品的完整性、真实性缺乏有效的认证手段。上述需求直接推动了学术界对数字水印技术的广泛和深入研究。

数字水印的真正理论概念出现在 1994 年的图像处理会议（ICIP'94）上，Van Schyndel 在会议上发表了题为 "A digital watermark" 的论文，它是第一篇在国际会议上发表的关于数字水印的论文。自此以后，国际上分别在 1996、1998、1999、2001、2003、2004、2005、2006、2007 和 2008 年成功地举办了 10 次专题论坛 International Workshop on Information Hiding，国内学者也已举办了 7 次数字水印学术会议。国际光学工程学会（SPIE）从 1999 年起，每年就会召开一次多媒体信息安全与数字水印会议。

8.1.2 数字水印的现状

从数字水印的应用角度来看，自 1993 年至今，国内外许多研究院、大学和著名的实验室（包括 MIT、Purdue Univ、Cambridge Univ、Erlangen-Nuremberg Univ、Delft Univ、Microsoft Research、NEC Institute、IBM 和 Bell Labs 等单位或组织）都致力于这项研究。

自 1998 年左右，国内各知名科研院校，如国家自然基金委员会、国家信息安全评测认证中心、中国科学院自动化研究所、北京大学、浙江大学、上海交通大学、哈尔滨工业大学、国防科技大学、复旦大学及中山大学等，都在这一领域投入了人力财力，展开了如火如荼的研究。

由于数字水印技术在信息安全和经济上的重要地位，众多商业资本也进入了这个领域。美国的 Digimarc 公司于 1995 年就推出了有专利权的水印制作技术，并在 Photoshop 4.0 和 CorelDraw7.0 软件中得到应用，陆续推出的 ReadMarc 和 Media Bridge 技术也都采用了水印技术；美国的 AlpVision 公司也推出 LavelIt 软件，能够在任何扫描的图片中隐藏若干字符，这些字符标记可以作为原始文件出处的证明，即任何电子图片，无论是用于 Word 文档、出版物，还是电子邮件或者网页，都可以借助于隐藏的标记知道它的原始出处；同时，AlpVision 公司的 SafePaper 是专为打印文档设计的安全产品，它将水印数字水印到纸的背面，以此来证明该文档的真伪，可用于证明一份文件（如医疗处方、法律文书及契约等）是否为指定的公司或组织所打印，还可以将一些重要或秘密的信息（如商标、专利、名字或金额）等隐藏到数字水印中；Demcom 利用水印为个人提供安全方案。

国内也有数家公司将数字水印技术投入商用。成都宇飞科技公司成功地将水印应用于纸质发票防伪、鉴定系列产品，以及相应的检测设备，其水印以二维置乱图像的方式显式地印刷在发票背面，当涉及真伪鉴定需求时检测水印。上海的阿须数码技术有限公司研发出数字证件、数字印章、PDF 文本、视频及网络安全等多方面的数字水印技术产品，以保护文档、图像和视频的数字水印系统，并在网上发布其试用版本，该公司已经拥有 1 项国家专利和 3 项国家数字水印专利。广州的百成公司在电子票据中使用了可见的数字水印，为电子商务的应用提供了保证。上海交通大学信息安全学院研发了基于授权的远程集中数字签章系统，通过数字水印技术保障数字印章的安全。

除了大学、研究机构和企业对水印的研究，一些国际标准项目也有计划发展实用的数字水印算法。如欧洲，TALISMAN（Tracing Authors' Rights by Labeling Image Service and Monitoring Access Networks）的目标是建立一个在欧洲范围内，对大规模的商业侵权和盗版行为提供一个版权保护机制。TALISMAN 希望能够为视频产品以增加标识和水印的方法来提高保护手段。OCTALIS 则是 TALISMAN 和 OKAPI 的后续项目，其主要目的是将有条件的访问机制和版权保护机制整合起来。国际标准化组织也对数字水印技术深感兴趣，ISO 发布的数字视频压缩标准 MPEG-4（ISO/IEC 14496），提供一个框架允许结合简单的加密方法和水印嵌入方法。DVD 工业标准将利用水印技术提供复制控制和复制保护机制，如"复制一次"或"不允许复制"等。

从大量已有的水印算法和应用来看，易碎性数字水印的目标比较容易实现；而能得到更广泛应用的是鲁棒性数字水印。

从数字水印的理论角度来看，尽管人们怀着极大的热情研究数字水印并将其投入实用，但到目前为止尚找不到一个十分安全的水印算法、指纹算法或密写算法。有学者认为，这在很大程度上是因为理论与现实之间还存在较大的距离——理论尚未成熟，而基于目前理论的一些专门的算法开始进入实用。

可以作为佐证的是，国际标准 JPEG 2000 和 MPEG-4 曾经计划将水印处理作为其标准的一部分，但直到现在标准中的水印处理部分都没能够得到实质性细化。又如几年前，音乐录制工业选取了一个特别的水印算法来保护数字音乐，并向研究界提出破译这个算法的挑战，这就是大家所知道的 SDMI（Secure Digital Music Initiative）挑战。这个 SDMI 方法是一个隐匿安全法，即人们不知道其采用的具体算法。SDMI 方法很快就被分别来自 Princeton 大学和来自法国的学者破译。

本书以图像载体为例介绍数字水印技术的进展。目前针对图像载体的多数算法通常能抵御非几何攻击，但在遭到几何攻击时水印的检测/提取性能就大大下降。许多检测水印存在性的算法都是在原始水印与可疑图像的相对位置不变的前提下实现的，即原始水印必须与可疑图像保持同步。一旦水印图像遭到了几何攻击，如旋转、缩放、平移及剪切等，在多数水印算法中原始水印就失去了与载体图像的同步，几乎很难或者不可能检测到水印的存在。在提取不需与原始水印进行同步的标志或隐秘信息水印时，理论上讲，对应位置的像素值并没有发生质的改变，基于空域的特殊水印算法应该可以提取出标识水印。然而对基于频域的水印算法而言，像素出现的位置已经发生了较大的变化，即时间序列跟原始图像相比已经发生了较大变化，另外，由于插值带来的影响，频域变换系数通常都会发生解析上难以描述的变化，如离散小波变换（DWT）和离散余弦变换（DCT），此时水印的正确提取就变得异常困难了。具有平移不变特性和同比缩放性的离散傅里叶变换（DFT）及其变形傅里叶—梅林变换（Fourier-Mellin Transform），是最早应用于抗几何攻击水印技术研究的变换。

目前已经有一些算法致力于抵抗几何攻击。归纳起来，针对几何攻击有如下 3 种解决方案。其一，恢复同步信息。Barni 在嵌入和提取水印时利用载体中的文字作为参考将图像几何规范化，从而恢复原始水印和检测图像之间的同步。但这种方法具有一定的局限性。其二，寻找一些对几何攻击具有不变性的频率变换或空间变换，如 N.Chotikakamthorn 和 S.Pholsomboon 等提出了一种空域算法，这个算法根据复正弦函数的旋转不变特性构造了一种环形水印模式。其三，在载体中嵌入双水印，一个用做反映几何攻击参数，另一个用做传递正常的水印信息。同时，数字水印技术也遇到了类似于打印/扫描这样的数模/模数转换的挑战。数字图像走向真正意义上的实用必然要经历打印/扫描的过程。具有版权保护作用的水印应当在图像的整个生命周期都发挥作用。打印/扫描攻击往往不是单纯模数/数模转换的攻击，还包括几何形变、热噪声、扫描抖动等。很多文献声称其水印方案能抵抗打印/扫描攻击，但往往没有给出令人信服的实验结果。加强针对几何攻击和打印/扫描攻击的数字水印技术研究，将有利于水印进入真正的实用阶段。

另一方面，各种各样的水印算法层出不穷，但却很难说明孰优孰劣，亟须制定一个统一的水印评估框架，以评价各种算法的优劣，也给研究人员在设计算法时提供一种指导性的标准。为了严格地测试水印算法，不少研究团体提出了基准测评工具。例如，Stirmark 从全面的攻击列表中选择一个对加入水印的数据进行攻击。其他类似的测评工具有 Certmark 和 Purdue 大学的 Wet 软件。上述工具基本上都是从攻击的角度对水印算法进行测评的。

目前，数字水印技术得到了大量的实践应用，并且取得了丰富的研究成果。但是，由于数字水印基础理论研究还存在着大量未知的领域，相关技术的国际标准仍然处于空白状态，在实际应用中还不能够取代密码技术的地位，仅仅作为密码技术的一个补充技术而存在。相信在不久的将来，越来越多的技术人员及工程人员的研究与开发，会给数字水印技术带来革命性的发展与突破。

8.1.3　数字水印分类

1．从实现方法上分类

由于水印的嵌入必须通过修改载体数据来实现，因此修改方法的选择十分重要。常用的修改方法可以分为叠加和量化两类。叠加方法是在原始数据上叠加具有扩频特性的伪随机序列，检测时用伪随机序列与待检测数据进行相关处理，从而恢复出水印信息。这种方法在 1 比特方案中用得最多，重复使用可以隐藏多个比特的信息。量化方法则是根据水印信息选择量化器对原始数据进行有规律的局部调整，既能保持原始数据，又能达到嵌入水印的目的。扰动调制也是量化水印的一种。

2．从载体类型上来分类

由于数字水印的载体是多种多样的，可以是文本、图像、音频、视频、3D 动画或软件等。相应的，数字水印就可以分为文本水印、图像水印、音频水印或视频水印等。目前文本水印研究比较成熟，音频和图像水印研究已经取得丰硕成果；而视频水印和 3D 水印等研究还有待进一步的深入。

3．音频数字水印算法的分类

根据不同的分类标准，目前音频数字水印算法可分为如下几类：

（1）比特水印和多比特水印

数字水印按水印信息量可分为 1 比特水印和多比特水印。如果嵌入的水印信号没有具体含义，检测结果只是"有水印"或"无水印"两种情况，这种水印实际上只含有 1 比特信息，就是 1 比特水印。实际上，嵌入多比特有意义信息（如版权所有者的姓名、地址、出品时间等）的多比特水印方案更有实用价值。

（2）私有水印和公有水印

检测水印时，必须用到原始载体的方案，称为私有水印；不必用到原始载体的方案，称为公有水印。版权所有者根据私有水印鉴别非法复制品时，必须连同原始载体一并作为证据。公有水印的应用范围更广泛，任何一个拥有水印提取软件的使用者都可以鉴别数字产品是否为盗版。通常，私有水印有更好的性能，往往能抵御相当强大的攻击。但从应用角度来看，公有水印更有优势。

（3）对称水印和非对称水印

目前绝大多数水印方案都是对称水印，即水印的嵌入与提取互逆。同密码学一样，数字水印的安全性不能靠保密算法保证。在水印算法公开的条件下，如果攻击者知晓密钥，就能轻易地删除水印，所以水印密钥一般是不公开的。为了使水印的使用更方便、更安全，人们提出了非对称水印概念。非对称水印要求公开提取算法和密钥，这样任何人都可以方便提取水印，但却无法根据水印提取算法和密钥去除已嵌入的水印。简单地应用公钥密码学并不能实现非对称水印方案，一些文献提出的公钥水印系统只是将水印内容用公钥加密，而不是真正的非对称水印。

（4）鲁棒性水印和脆弱性水印

数字水印还可以分为鲁棒性水印和脆弱性水印。鲁棒性水印是指在恶意攻击下仍然不能被修改、去除的水印，可用于版权标识。数字指纹也属于鲁棒性水印，它是将使用者的信息嵌入数字媒体，如果发现非法复制品，便可根据数字指纹确定非法复制品是从哪一个使用者处得到的。脆弱性水印可根据被破坏的情况，记录产品曾受到过的攻击。如果水印对压缩、滤波等信号处理具有鲁棒性，对剪切、修改等恶意处理是脆弱的，则被称为半脆弱水印。有些水印系统将鲁棒性水印和脆弱性水印结合起来，可以对经过恶劣信道或被恶意攻击的信息进行恢复。用鲁棒性水印、脆弱性水印和数字指纹同时进行版权认证、完整性认证和盗版跟踪，是对数字水印技术比较完整的应用。

（5）可觉察水印和不可觉察水印

最常见的可觉察水印的例子是电视图像上的半透明标识，其主要目的是标识版权，防止非法使用。不可觉察的水印则被完全隐藏起来，以作为追查盗版者的证据。

（6）时域水印和变换域水印

时域水印技术，如回声隐藏算法、LBS 算法，是通过在时域修改信号样本达到嵌入水印的目的。变换域水印技术通过修改变换域系数来隐藏水印，因此水印信号被分散到变换域的所有/部分数据上，因性能一般较好而受到重视。常用的变换域方法有 DFT、DCT 和 DWT 变换。

8.1.4　数字水印基本要求

无论各种应用需求有多么的不同，每个数字水印算法都有下述十分重要的特性。

（1）透明性（仿真度）

透明性（仿真度）即信息的嵌入不会影响载体数据的使用价值。对音频而言，具有听觉不可察觉性；对图像、视频和文档而言，嵌入的信息不能影响其视觉质量，具视觉不可感知性。对透明性的度量分为主观评测和客观度量。在确定的应用环境中存在一个可容忍的客观失真度，通常标记为 D1。

（2）负载（容量）

负载（容量）是指在载体数据中嵌入的信息比特数。负载可以是数兆字节（如用于秘密通信的水印算法），也可能是几比特（如用于版权保护的水印算法）。通常，研究者用载体信号样点的数目标准化负载值，得到宿主每个样点的比特率 R，将其用来衡量算法容量。大多数情况下，同样的算法对不同的载体，或者不同的算法对同样的载体，水印容量不一定相同。

（3）鲁棒性/易碎性

鲁棒性是指在经历多种无意或有意的信号处理过程后，数字水印仍能保持完整或仍能被准确鉴别，它是鲁棒水印应有的特性。鲁棒性测试主要包括数字水印对数据同步的依赖程度、抗各种线性和非线性滤波的能力，以及抵御几何变换等其他攻击的能力。易碎性是指水印随宿主信息经历的信号处理过程而发生变化的性质，它是易碎水印的应有特性。水印的鲁棒性和易碎性是同一问题的两个方面，都是衡量水印经受信号处理的能力。这些信号处理操作包括压缩等无意攻击，以及滤波、加噪、异步、剪切、插入、马赛克和共谋等恶意攻击。不同的应用对水印经受信号处理的能力要求不同。法庭在验证证据是否经过篡改时要求水印对信号处理敏感，这时需要易碎性强的水印；当对多媒体进行版权保护时，则要求应用鲁棒性强的水印。通常，研究者设计的水印算法抵抗一定程度的失真，标记该失真度为D2。这个失真度通常是多媒体数据具有经济使用价值和失去经济使用价值的临界值。

（4）安全性

水印系统的安全性是指未经授权者很难插入伪造水印，或检测到水印的存在。除非对数字水印具有足够的先验知识，任何破坏和消除水印的行为都将严重破坏多媒体信息的质量，使其不再具有使用价值。一个水印系统要走向商业应用，其算法必须公开。算法的安全性应取决于密钥和算法设计本身，而不应通过对算法进行保密以取得安全性。安全性测试主要是对破解水印算法的时间及复杂性进行评估，以此作为水印安全性的指标。好的数字水印算法，在设计水印的产生办法、编码方式和嵌入位置时，都需要考虑到安全性。更为一般的安全性定义是指攻击者破译水印信息的难易程度，通常不仅仅与算法本身相关，而且也与水印算法所应用的系统框架有关。

（5）不可分析性

在大多数水印技术的数字水印应用中，这样的事实广为人知：载体信号中已经嵌入了水印信息。但类似密写术这样的应用并不希望暴露秘密通信的存在，这对所采用的数字水印算法类型提出了一定的限制。研究者一般从统计意义上或者计算复杂度的角度衡量不可分析性。

在透明性（D1）、负载（容量）比特率（R）、鲁棒性（D2）、安全性和不可分析性之间存在本质上的矛盾，它们之间必须有所折中。

上述数字水印的基本要求中，负载（容量）的衡量一直是数字水印领域关注的重点。Moulin从信息论的角度对数字水印进行分析，其主要贡献在于，利用信道传输理论给出了数字水印容量的上限，以及可能达到的容量比特率R、数字水印者许可的失真度（透明性D1）和攻击者允许的失真度（鲁棒性D2）之间的折中关系，并由此得到二值图像水印容量和基于高斯信道模型的水印容量。

目前，鲁棒性的衡量基本上靠对各种可能的攻击进行仿真遍历来实现，如 Certmark 和 Purdue 大学开发的 Wet 软件等。对算法不可分析性的评测通过针对某个或某类算法的分析来实现，不具有一般性的泛化能力。

关于安全性问题的解决方案有两个可能的选择。第一个是隐匿安全，即算法不公开。这是一种理论上不安全的选择，因为很难对一个算法进行保密。然而如果满足下面的条件，这样的方法在实际操作中还是可以接受的。

1）要求的安全级别较低。

2）对手要找出应用中使用了哪个水印算法是比较费时的。

3）随着时间的推移，加入水印后的数据的价值越来越低。

4）使用的算法更换频率较快。迪斯尼公司已经使用这样的方法在数字电影中嵌入指纹信息。

第二个是研究者所喜欢的、基于 Kerckoffs 原理的选择，即算法公开但用于数字水印的钥匙是秘密的。目前，大多数方法都满足这个条件，并且不仅仅包括私钥算法，而且包括公钥算法等：算法完全公开，秘钥得到妥善保管。算法公开的一个重要优点在于研究界可以对该算法进行测试，找出其潜在的缺陷。

8.1.5　数字水印的应用领域

随着多媒体技术的快速发展和互联网的强大，数字水印技术得到如火如荼的发展，其应用领域也从最初的版权保护扩展到了更多更广的范围，主要包括以下方面。

（1）版权保护

相对模拟产品，数字多媒体具有无损保存的特性，能够被轻易复制、篡改或分发。数字水印技术能给多媒体数据提供有效的版权保护，即给有价值的数字文件中嵌入含有版权信息的水印，这些文件包括文字文档、音频、图像和视频文件等。数字签名起到了版权提示的作用，在不破坏文件应用价值的前提下对手不能够移除这些信息。

（2）"指纹"识别与叛逆追踪

指纹识别是一种基于个人独特生理或行为特征进行自动身份识别的生物特征识别技术，指纹具有唯一性。数字水印技术将能够唯一标识多媒体文件使用者的信息嵌入载体中，形成数字"指纹"且不影响数字产品的商业价值。这类似于另类的版权追踪，目的不是声明版权所有，而是要识别产品购买者及其非法传播。数字文件分发的接收者数量是有限的，每个文件里嵌入了不同的数字签名，使得可能追踪到非法传播文件的始作俑者，即叛逆者。例如，数字电影在影院的发行，受限私网内视听材料的分发，公司和政府敏感文件的分发等。

（3）内容认证

标准的密码协议可以检测媒体文件二进制表达是否产生错误。但事实上，在媒体信息的二进制表达发生变化时，媒体本身的内容并不一定会发生变化；媒体信息经过有损压缩后往往还能保留其商用价值。这时需要数字水印技术对媒体内容提供真实有效的证明。另一方面，先进的多媒体技术给人们带来便利：花低廉的代价就可以方便地篡改媒体的部分内容，破坏数字产品的完整性和真实性。保证数字作品的内容完整和可靠性，对于新闻图片、案件取证图像、医学图像和军事图像等具有重要的意义。这类应用在电子商务的交易中也能发挥作用，例如检验电子票据、电子印章的真实性和完整性。对内容的认证包含两个层次：第一个层次是判断媒体是否真实；第二个层次则是定位被篡改的内容或者判断出可能遭受的篡改类型。这类应用大多采取脆弱性水印，但也有利用鲁棒性水印判断篡改的成功例子，其代价是辨析篡改的区域较大（64×64）。

（4）秘密通信

这是个古老的应用，到现在这种应用仍然具有鲜活的生命力，其目标在于实现无察觉的通信：对于对手而言，水印信息的存在性是不可察觉和分析的。传统通信数据的密文形式比较容易吸引攻击者的注意，一旦密文被破解，那些重要的信息对攻击者来说是完全透明的，不再受任何保护；即使对手不能破译密文，也能够有针对性地找到并截断这类秘密信息的传递。目前，有的研究机构已经根据数字水印这一保密通信的全新理念，开始了替音电话的研究。人们可以通过数字水印技术实现在公网里的秘密通信，使用者可能包括军方、情报人员、以及恐怖分子等。秘密通信的应用范围表明，希望进行秘密通信的团体可能是无所谓"好"和"坏"之分，而是更大意义上目的相反的对手。

（5）数据库注解

一些大型的视听数据库包含各种类型的标题，有时为了管理方便会希望将标题和视听文件合成为一个整体。数字水印算法可以将标题嵌入到视听文件中，具有抵抗普通信号处理操作的优点。有些数据的标识信息往往比数据本身更具有保密价值，如遥感图像的拍摄日期、经纬度等，没有标识信息的数据有时甚至变得没有意义，但直接将这些重要信息标记在原始文件上又很危险。利用数字水印技术可将标识数字水印在原始文件中，只有通过特殊的阅读程序才可以读取。这种方法已经被国外一些公开的遥感图像数据库所采用。

（6）传统系统升级

有可能通过在所传输的数据中嵌入一个"品质提升层"来对传统的信号传输系统进行升级，例如，FM频段的数字音频广播，通过将数字音频嵌入到模拟调频信号中，实现在模拟信道里同时传播模拟调频信号和数字音频。又如，利用数字水印技术，将立体差异映射图嵌入到传统二维图像里，就可以通过传统的模拟电视频道或打印的电报图像信道，达到传输数字三维立体图像或视频序列的目的。

（7）设备控制和复制控制

通过将不同的同步和控制信号嵌入到电台或电视信号中来实现，直接用水印信息来控制数据读取设备。有文献中报道，一些商业调频电台使用了杜比降噪技术，需要用到相应的解码器，但这样的解码器并非在接收任何信号的时候都需要开启，因此可以通过在调频信号中嵌入信号来触发接收端的杜比解码器。另一方面，可以利用水印代表禁止复制等信息。设备中的水印监测器能确定数据是否可以被存储或被读取，并能限制相关操作的次数。例如，将水印信息嵌入到DVD数据内容中，播放机通过检测DVD数据中的水印信息来判断内容的使用权限。

（8）广播监视

将场景或歌曲的标识以数字水印的方式嵌入到商业电视或广播信号中，这使得自动内容监视和使用次数监测的应用成为可能，如用来监测、统计某首歌在某电台播放了多少次，某政治竞选人物在国家电视台出现的频率等。有相当一部分机构和个人对于广播监测有迫切的需求。例如，广告商想确定他们从广播电视站购买的时间段确实播放了他们的广告；音乐家和演员们想知道他们得到了电视台为播放他们的表演支付了足够的版税；版权所有者们想确定他们的作品没有被电视台盗版非法播放等。利用水印技术，将每一个视频或音频片段加上一个独一无二的水印信号，自动监测站就可以接收广播电视信息，搜索这些水印，确定什么时间、什么地方出现了这些片断。自动监视系统还可以通过在商业广告中嵌入水印来判断广告是否按合同播出。目前，用于这一目的的项目有欧共体的 VIVA（Visual Identity Verification Auditor）等。

（9）标题与字幕

将不同类型的数据嵌入电视和视频节目中，如电影字幕、金融信息，以及其他一些对高级消费者有用的信息。与此类似，不同的服务数据都可以嵌入到商业无线信号中。

（10）防伪印刷

数字水印技术将它的触角延伸到了模拟域纸质载体的防伪。该类应用可分为印刷品防伪和证件防伪两类。印刷品的防伪通常要求，水印系统对一次扫描具有鲁棒性、对二次扫描具有脆弱性。印刷品包括印刷的票据、书籍等，由于数字水印技术可以为它们提供不可见的标识，从而大大增加了伪造的难度。证件的防伪则要求水印系统具有足够的鲁棒性。证件的防伪已有较为成熟的应用实例，如德国的汽车驾照就采用了水印技术。防伪印刷也包括防伪打印。在数字域有效的图像、图文和文档，使用者希望它在打印后仍然具有跟数字域文件相同的效力。

（11）信道传输质量盲评估

随着学术界对数字水印技术研究的深入，越来越多的应用被挖掘出来，如在多媒体信息中嵌入水印，通过对水印的追踪分析实现对多媒体通信信道质量的盲评估。

（12）传播跟踪及控制

在视频文件中，嵌入特定的数字标志，可以跟踪视频的产生、遍及和发布过程，还可以根据需要嵌入不同环节制作商、发行商、运营商和用户等标记，甚至对一些"拼接"视频进行水印检测，证明其非授权滥用等。

（13）病毒、入侵软件新的传播方式

目前，随着网络入侵的不断发展，越来越多的非法入侵和病毒通过数字水印的隐藏方式入侵内部网络，避开了病毒库的搜索和防火墙的阻隔，在适合的条件下进行触发，从而达到不法目的。这为下一代攻防研究提出了新的课题。

随着数字水印的不断发展，越来越多的数字水印应用将有望进入人们的视野。

8.1.6 数字水印的发展趋势

从 1954 年数字水印的萌芽状态及其后停滞的 40 年，到 20 世纪 90 年代多媒体技术的发展和互联网数字时代的到来，以及数字水印技术被商界热情关注、学术界深入研究的今天，难以数计的相关文章得以发表，内容囊括了前述的各类水印算法和应用。数字水印领域亟待解决的难点和学术界关注的热点，可以总结为以下几个方面。

1. 数字水印基础理论的研究

学术界已有的研究成果更多地集中在了对水印算法具体嵌入和检测/提取方案的研究，却难以对这些众多的方法给出统一的、公正的评价，因为目前缺乏对算法透明性、鲁棒性、安全性及容量等关键理论和数字水印理论模型的研究。

如前面所述，研究者对鲁棒性、安全性的评价更大程度地停留在了实验攻击层面，需要耗费大量的资源，才能对一个算法的鲁棒性、安全性作出一定程度的评价；所谓"一定程度"的评价主要是指实验设计的完备程度对评价的结果有较大的影响，难以得到一致的评价。

数字水印理论模型的建立有可能给鲁棒性、安全性的评价提供有效的支持。但学术界关于数字水印技术理论研究的相关文献并不多。扩频水印中，载体信息被看做一种噪声，数字水印被当做一种低信噪比的传输问题。1999 年 Cox、Miller 和 McKellips 提出，人们应当把载体数据当做发送器的边信息，利用对边信息的了解可以设计出性能更好的水印嵌入算法；值得特别指出的是，边信息通信理论使研究者可以定量计算嵌入水印后的载体对一系列攻击的鲁棒性，能够在给定的失真限制下使算法的鲁棒性最强。他们还证明了利用边信息通信理论可以形成一个有效的双叶双曲面水印检测区域。Moulin 利用信息论和边信息理论对数字水印原理进行了进一步分析建模，对水印技术的容量给出了定量分析。

在理论分析和研究中，透明性（失真）的衡量是一个基础和关键的问题。一些文献在对诸如二进制信道和高斯信道进行单独的容量分析时，采用的失真均为绝对误差度量。事实上，这与数字水印技术的本质相违背，因为水印算法利用人类感官冗余特性嵌入水印，其透明性与绝对误差并非线性关系。这也使已有的理论研究难以真正地指导数字水印算法的设计，和提供公正的评判。水印基础理论和指标性能评估的研究，还需要更多的力量加入进来。

2．水印新算法研究

数字水印的深入研究已经有十几年的历史，从鲁棒性、安全性、容量、透明性等基本指标要求出发，各种水印算法层出不穷。延续以前的研究，水印新算法的研究包括3个方面。

一方面，人们从不停止对能够带来更高基本性能的新算法的追求。由于透明性和鲁棒性是一对此消彼长的矛盾，容量也受到透明性的制约，要设计一个算法同时提供各项高质量的性能基本上是一个不可能完成的任务。新水印算法的研究设计应当更多地从应用角度出发，有所取舍地满足应用的各项要求。

另一方面，人们希望能够在抗几何形变攻击的水印算法研究方面有所收获。空域的算法通常能够抵抗非几何攻击，一旦水印图像遭到了几何攻击，如旋转、缩放、平移及剪切等攻击时，原始水印与水印媒体中的水印同步关系就会被破坏，几乎很难检测或提取出水印。

最后一方面，数字水印技术也受到了类似于打印/扫描这样的数模/模数转换的攻击。打印/扫描攻击往往不是单纯模数/数模转换的攻击，还包括几何形变、热噪声、扫描抖动等，是一个复杂的信号衰变过程。这给水印算法的研究带来了巨大的挑战。

3．密写分析及其对策

图像密写统计分析是目前数字水印领域的新课题，它的主要研究内容为在对可能采用的算法和水印信息不知情的情况下，对可疑的多媒体数据进行水印信息存在性的检测，破解嵌入的水印，或者通过对多媒体对象的处理破坏隐藏的水印。常用的方法是通过对媒体数据进行统计，根据未加入水印前后图像的统计量之间的区别来设计密写分析算法，判断媒体中是否加入了水印。密写分析的研究同时有利于发现现存水印方法的缺陷，改进或设计新的水印方法，提升其性能。

4．可逆水印算法

于2000年前后，可逆水印算法进入人们的视野。可逆水印算法也称为无损水印算法。所谓可逆，是指水印嵌入操作带给载体数据的失真是可逆的，当嵌入载体的水印信息被提取出来后可以无损地恢复载体数据。可逆水印算法可用于医学图像和军事目的等。目前的可逆水印算法大多为空域、易碎水印算法，也有为数不多的频域、半易碎可逆水印算法出现。

5．基于数字水印技术的安全服务框架研究

数字水印技术本身只是一种手段，为实现数字产品的版权保护、内容认证等目的提供了一种可能性。要使数字水印技术真正地投入实际应用，具备实际生产价值，还应当有一个完善的协议机制与其适应。目前已有的基于数字水印技术的协议机制研究包括 IMPRIMATUR 项目的 DHWN 协议、ECMS（Electronic Copyright Management System），以及零知识验证协议等。

8.2　数字水印理论与模型

8.2.1　系统数学模型

如图 8-1 所示，可知数字水印系统的数学模型。整个数字水印系统的数学模型由以下 3 个部分构成：

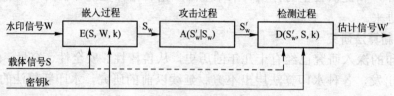

图 8-1　数字水印系统的数学模型

第一部分是水印的嵌入过程。它是由水印信号 W，载体信号 S，以及密钥 k 构成的三元素，经过嵌入算法 E(•) （•表示缩写下同），实现了水印的嵌入。

第二部分是攻击过程。含水印的信号 S_w 经过攻击函数 A(•)，产生了新的信号 S'_w。

第三部分是水印检测过程。受到攻击后的载体信息如 S'_w 与密钥 k，通过检测算法 D(•) 进行水印恢复，从而得到估计的水印信号 W'。有时候，第三部分也可能包含原始载体信号进行水印恢复，这种情况通常称为非盲水印检测；而不含原始载体信号的水印估计方法，则称为盲水印检测。

8.2.2　数字水印的一般定义

定义 1　如图 8-1 所示，可以把数字水印系统一般过程的基本框架定义为六元体（**W，S，K，G，E，D**）。其中，**W** 表示所有可能水印信号 W 的集合；**S** 表示水印载体（如文本、图像或视频等）；**K** 就是水印密钥集合；**G** 表示水印信号 W 的生成算法（可选）；**E** 表示水印嵌入算法；**D** 表示水印检测算法。

特别说明，如果采用可逆水印算法，图 8-1 中的嵌入算法 E 和检测算法 D 是互为可逆的算法，即 $D = E^{-1}$；如果采用不可逆水印算法，一种方法就是基于公钥 K_{pub} 和密钥 K_{pri} 的方法；另外一种就是嵌入算法中采用多对一映射（如 Hash 函数），使得算法不可逆，即嵌入算法 E 与检测算法 D 互不可逆，具有很高的安全性。例如，可以把产生伪随机序列的种子（Seed）作为密钥。

定义 2　水印信号 W 定义为

$$W = \{w(k)\big| w(k) \in U, k \in \hat{W}^d\} \quad \text{或} \quad W = G(x_0) \tag{8-1}$$

其中，$\hat{W}^d$ 表示 d 维水印信号定义域，d 取 1，2，3 分别表示音频、图像和视频；U 是水印信号的值域；w(k) 表示水印的具体信号，可以是单个元素、序列或阵列等，k = 1,…,n；x_0 表示水印产生的初始条件；G 是水印生成算法。

定义 3　由图 8-1 可以定义水印嵌入过程的通用公式为

$$S_w = E(S, W, K) \tag{8-2}$$

其中，S_w 表示加入水印后的数据；E(•) 表示水印嵌入算法；S 表示原始数据载体；W 表示水印集合；K 表示密钥集合，是可选项，一般用于水印信号的加密。

定义 4 由图 8-1 可以定义水印检出过程的通用公式为

有原始载体 S 时，可得：

$$W' = D(S'_w, S, K) \tag{8-3}$$

有原始水印 W 时，可得：

$$W' = D(S'_w, W, K) \tag{8-4}$$

没有原始信息时，可得：

$$W' = D(S'_w, K) \tag{8-5}$$

其中，W' 表示估计水印；$D(\cdot)$ 表示水印检测算法；S'_w 表示待检测载体；S 表示原始数据载体；K 表示密钥集合。

检测水印的手段可以分为两种：有原始信息的情况下，可以进行嵌入信号的提取或相关性验证；没有原始信息情况下，必须对嵌入信息进行全搜索或分布假设检验等。如果信号为随机信号或伪随机信号，证明检测信号是水印信号的一般方法就是进行相似度检验。

定义 5 水印相似度测量的通用公式为

$$\text{Sim} = \frac{W*W'}{\sqrt{W*W}} \quad \text{或} \quad \text{Sim} = \frac{W*W'}{\sqrt{W*W}\sqrt{W'*W'}} \tag{8-6}$$

其中，W 表示原始水印；W' 表示估计水印；Sim 表示不同信号的相似度，*代表卷积运算。

定义 6 设数字产品 X，$Y \in \mathbf{X}$，则 $X \sim Y$ 表示 X 和 Y 具有相同的感知形式。而 X、Y 表示 X 和 Y 是完全不同的数字产品，或表示 Y 是相对于 X 质量下降的数字产品。

定义 7 若水印 W_1 和 W_2 满足 $D(S, W_1) = 1 \Rightarrow D(S, W_2) = 1$，其中水印信号 W_1 与数字产品 X 的相关检测为 1，水印信号 W_2 与数字产品 X 的相关检测也为 1，则称水印 W_1 和 W_2 是等价的，记为 $W_1 \cong W_2$。

定义 8 待测信号 S'_w 与宿主信号 S_w 的失真，通常用欧式距离的二次方表示：

$$d_E(S_w, S'_w) = \|S_w - S'_w\|^2 \tag{8-7}$$

定义 9 待测信号 S'_w 与宿主信号 S_w 的失真，也可以用汉明距离表示：

$$d_H(S_w, S'_w) = \left|\{n : S_{wn} \neq S'_{wn}\}\right|, \quad F = \{0,1\} \tag{8-8}$$

定义 10 水印信号失真度量计算公式为

$$d_F(S_w, S'_w) = \left(\sum_p \left(\tilde{d}(\text{Fe}(S_w), \text{Fe}(S'_w))\right)^p\right)^{1/p} \tag{8-9}$$

其中，Fe($\cdot$) 是一个信号感观特性映射函数；$\tilde{d}(\cdot, \cdot)$ 是特征间的距离函数，p 是 minkowski 范式误差共担参数，通常取 1~4 之间的值。

8.2.3 数字水印的基本特性

数字水印有如下基本特征。

1）不可感知性：对于不可感知水印处理系统，水印嵌入算法不应产生可感知的数据修改。即含水印产品必须相似于原始产品，即 $X_W \sim X_0$。

2）密钥唯一性：不同密钥产生不等价水印，即对于任何产品 $X \in \mathbf{X}$ 和 $W_i = G(X, K_i)$，i=1，2，满足 $K_1 \neq K_2 \Rightarrow W_1 \neq W_2$。

3）水印有效性：在水印处理算法中只采用有效的水印，对于特定的产品 $X_p \in \mathbf{X}$，当且仅当存在 $K_{x_p} \in \mathbf{K}$ 使得 $G(X_p, K_{x_p})=W$，则称为水印 W 有效。

4）不可逆性：函数 G（X,K）=W 不可逆，即 K 不能根据 W 和函数 G 逆推出来。不满射的函数 G 直接满足这个条件。不可逆性在水印处理算法中并不是必要条件。在实际应用时，不可逆意味着对任何水印信号 W，很难找到其他有效水印 W'与该水印信号 W 等价。

5）产品依赖性：在相同密钥条件下，当 G 算子用在不同的产品时，应该产生不同的水印信号。也就是说，对于任何特定的密钥 $K_i \in \mathbf{X}$ 和任何 X_1，X_2，$\cdots$，$X_i \in \mathbf{X}$ 满足 $X_i \neq X_{i+1} \Rightarrow W_1 \neq W_2$。

6）多重水印：通常对含水印产品用另一个不同的密钥再作水印嵌入是可能的，这往往是盗版者在重销时可能做的工作。若 $X_i = E(X_{i-1}, W_i)$，i＝1, 2,$\cdots$，那么对于任何 $I \leqslant n$，原始水印必须在 X_i 中被检测出来，即 $D(X_i, W_1)=1$，这里 n 是一个足够大的整数使得 $X_n \sim X_0$，而 X_{n+1} 与 X_0 不相似。

7）检测可靠性：肯定检测的输出必须有一个合适的最小置信度。如果 P_{fa} 是检测的虚警概率，则它满足 $P_{fa} < P_{thres}$，这里 P_{thres} 表示判断水印存在的门限阈值。

8）鲁棒性：设 X_0 是原始产品，X_w 是含水印产品且 $D(X_w, W_1)=1$。设 M 是一个多媒体操作算子，则对于任何 $Y \sim X_w$，Y=M（X_w）满足 D(Y, W)=1，而且对于任何 Z=M(X_0)，满足 D(Z, W)=0。

9）快速高效性：水印处理算法应该比较容易用硬件实现。尤其水印检测算法必须足够快，以满足产品发行网络中对多媒体数据的管理要求。

以上是数字水印的一些基本特性。每个数字水印系统都具备其中的几个特性，但并不能具备所有特性。需要根据实际情况来决定系统的最终性能。

8.2.4 数字水印与密码学的区别

密码学是一门古老的学科，它的起源可以追溯到 4000 多年前的古埃及、古巴比伦、古罗马和古希腊。古代的隐蔽信息方法是将传输信息的信号进行各种变化，使它们不能为非授权者所理解。当时的密码技术还不能算是一门科学，它更像一门艺术，人们凭借直觉和经验来设计和分析密码。现代密码学就是在古典密码学的基础上发展起来的。Shannon 自 1949 年建立了单钥密码系统的数学模型，为密码学奠定了理论基础。1976 年，美国学者 Diffie 和 Hellman 建立了公钥密码系统，使加密密钥和解密密钥相互独立。公钥密码使民用、商用通信系统的信息加密和保护成为可能。1977 年，美国国家标准局 NBS 公开征集并公布实施数据加密标准（DES），公开了它的加密算法，并批准 DES 用于非机密单位及商业的保密通信，作为联邦标准免费提交给美国公众使用。此后，用于信息保密与加密的各种算法和软件、标准和协议、设备和系统以及相关的法律和条例、论文和专著等层出不穷。随着计算机网络不断渗透到各个领域，密码大规模地扩展到民用，密码学的应用范围也随之扩大。数字签名、身份认证等都是由密码学派生出的新技术和应用。

一个数据加密系统包括明文、密文、密钥及由密钥控制的加解密算法，其全部安全性基于密钥长度，而不是算法。数据加密算法按照发展进程经历了古典密码、对称密钥密码（私钥密码）和非对称密钥密码（公钥密码）阶段。古典密码算法包括替代加密、置换加密；对称加密算法包括 DES 和 AES；非对称加密算法包括 RSA、背包密码、McEliece 密码, Rabin、椭圆曲线和 ElGamal 等。目前在数据通信中普遍使用的算法有 DES 算法、RSA 算法和 PGP 算法等。

密码学和数字水印技术都是信息安全学的重要分支。尽管密码学被公认为信息安全的核心，但是，单纯依靠密码技术并不能完全解决安全问题。

数字水印技术与密码学都是古老的学科，同属于信息安全的范畴，而且两者具有相似的作用，即为消息传递双方提供机密性、完整性、可鉴别、抗抵赖的解决方案。但由于应用目的不同，数字水印技术表现出许多与密码术不同的特性。

1. 伪装性

基于传统密码学理论开发出来的加密系统，不管是使用对称密钥算法还是安全性更高的非对称密钥算法，对于秘密信息的处理都是将其加密成密文，使在信息传递过程中出现的攻击者只能看到乱码形式的密文，而无法破译其中的秘密信息，从而达到保密的目的。但是这种方法有一个明显的不足，它明确地提示攻击者密文是重要的信息，容易引起攻击者的好奇和注意，从而造成攻击者明确知晓攻击的目标。另一方面，加密后的文件因其不可理解性也妨碍了信息的传播。

数字水印技术是利用人类感觉器官的不敏感，以及多媒体数字信号本身存在的冗余，将秘密数字水印在一个宿主信号中，不被人的感知系统察觉或不被注意到，而且不影响宿主信号的感觉效果和使用价值，同时还可以做到不增加公开信息的数据量。数字水印最重要的特点在于它不仅隐藏了信息的内容，而且隐藏了信息的存在，因此在数据安全领域显示出更为优良的特性。

2. 安全性

1883 年，Kerckhoffs 阐明了加密工程中的第一原则，即保密系统中所使用的加密体制和算法应当是公开的，系统的安全性必须也只能依赖于密钥的选取。如密文有被破解的可能性，一旦加密文件被破解其内容就完全透明了。密码的不可破译度是靠不断增加密钥的长度来提高的，然而随着分布计算技术的发展和网络资源的利用使得密码破译能力越来越强，常规密码的安全性受到潜在的威胁，仅通过增加密钥长度增强密码系统的安全已不再是唯一可行的方法，传统的加密系统面临着新的挑战。1997 年，RSA 数据安全公司发起"向密码挑战"的活动，在 Internet 上数万名志愿者的协助下，采用穷举密钥攻击法仅用了 96 天，在一台普通的奔腾 PC 上成功地找到了 DES 加密密钥并破译出明文"强大的密码技术使世界变得更安全"。随后几年，密码分析能力又有了重大进展，如美国的电子世界基金会（Electronic Frontier Foundation，EFF）宣布以一台并不昂贵的专业解密机仅用 56 小时就破译了 DES。2004 年 8 月，在美国加州圣芭芭拉召开的国际密码大会上，我国密码学专家王小云教授首次宣布她及她的研究小组对 MD5、HAVAL-128、MD4 和 RIPEMD 四个著名密码算法的破译结果，震惊整个密码学界。一系列密码分析的成功，表明 DES 时代已经结束，同时也促使人们对加密通信安全性的重新思考。

而数字水印技术则并不完全依赖于密钥的安全性，经过隐藏技术处理过的信息与未处理过的信息，从表面上看，是同样的，混杂在万千的信息中，使保密通信从"看不懂"转变为"看不见"，容易逃脱攻击者的破解和攻击，如同自然界中的保护色，巧妙地伪装于环境中，免于被天敌发现而遭受攻击，从而增加了信息的安全性。数字水印技术提供了一种有别于加密的安全模式。在这一过程中载体信息的作用实际上包括两个方面：一是提供传递信息的信道；二是为秘密信息的传递提供伪装。传统的数字水印技术往往单纯地依赖于秘密信息的隐蔽性，一旦隐藏的方法被发现，消息很容易被提取出来，如隐形墨水和藏头诗。现代数字水印技术强调传递信息的保密性，隐藏前进行加密是更普遍的做法。

3. 信息量

密码术直接将秘密信息变为不可理解的形式，在通信量大的数据传输中，使用密码对数字信息进行加密是保障信息安全最简单有效的办法。例如，要保证信息的完整性，使用密码技术实施数字签名、进行身份认证、对信息进行完整性校验是当前实际可行的办法。保障信息系统和数字信息为授权者所用，利用密码进行系统登录和数据存取，是有效的授权管理办法。保证数字信息系统的可控性，也可以有效地利用密码和密钥管理来实施。当然，这些密码技术的完善实施还依赖于数字信息系统的可信程度。

数字水印技术需要额外的隐藏技巧，以防秘密信息被察觉。在以秘密信息传递为主的保密通信系统中，用于掩饰的载体有时难以创建。例如，在文件的某些特定位置写上秘密信息，再在其他位置填充内容时，往往使内容看起来有些奇怪，容易引起检查人员的注意。以数字隐藏为主的现代数字水印技术中，秘密信息的生存空间在于人类感知冗余和数字载体的信息冗余，随着基于人类感知冗余的数据压缩算法的不断发展，这种生存空间在不断缩小。另外，隐藏算法耗费的额外计算资源在实时通信系统中也是一个制约水印信息量的因素。

4. 抗攻击能力

可以说，直接的加密方法一点也不稳健。密文数据任一比特的差错都可能导致完全不同的解码结果。加密系统中数据的可靠传输依赖于另外的差错控制机制。攻击者明确知道秘密信息所在，即使破译失败，他们也可以将信息破坏，使得合法接收者也无法阅读信息内容。而数字签名中附加的验证信息很容易被攻击者去除，或者因为格式转换等原因而丢失。

数字水印技术在不使用数据加密的条件下，外界干扰对秘密信息的破坏往往是局部的，尤其在攻击者必须考虑载体数据可用性的情况中。秘密信息还可以在隐藏前经过一些变换编码，增强抗攻击能力。多数数字水印技术不会增加载体的数据量，并且与某些信号压缩标准兼容，因此可提高秘密信息传输的可靠性。

5. 分析方法

公用安全保密通信系统中，加密算法通常是公开的，不同的攻击者具有不同程度的系统接入权限。密码分析根据攻击者具备的破译知识可分为以下 4 类：

- 唯密文攻击——攻击者只能获得使用同一加密算法的密文数据。
- 已知明文攻击——攻击者可以获得某些明文和相应的密文数据。
- 选择明文攻击——攻击者可以自主选择任意明文，并能得到相应密文数据。
- 选择密文攻击——攻击者可以自主选择任意密文，并能得到对应的明文数据（主要用于公钥算法）。

这 4 种分析方法的攻击强度依次增大。攻击者要明确知道哪些是重要信息，目的是要得到这些具体信息。

隐藏分析首先要判断公开信息中是否含有水印信息。Bender 等人认为若能判断某个数据对象中是否隐藏有秘密信息，则该隐藏系统就认为被攻破了。如果要提取具体信息，攻击者还要寻找秘密信息的隐藏位置。如果水印信息在嵌入前被加密过，则增大了攻击者的分析难度。

但是，数字水印技术与密码术并不是互相矛盾、互相竞争的技术，而是互相补充、互相促进的。它们的区别在于应用场合的不同、要求不同，实际应用中往往需要两者互相配合。例如，将秘密信息加密后再隐藏，这是保证信息安全的更好的办法，也是更符合实际要求的方法。现代数字水印技术的出现和发展，为信息安全的研究和应用拓展了一个新的领域。而密码术作为一门比较成熟的学科，其中的许多技术和经验准则都可以为数字水印所借鉴。

8.3 数字音频水印技术

数字音频水印近年来一直在版权保护研究中占有重要的地位，也是隐藏技术研究的一个重要分支。从目前来看，数字音频水印的主要应用领域有两个：

（1）版权保护。

版权保护是水印最主要的应用领域，其目的是嵌入数据的来源信息及比较有代表性的版权所有者的信息，从而防止其他团体对该数据宣称拥有版权。这样，水印就可以用来公正地解决所有权问题。这种应用要求具备非常高的鲁棒性。

（2）盗版追踪。

为了防止非授权的复制和发行，出品人在每个合法复制中加入不同的 ID 或序列号即数字指纹。一旦发现非授权的复制，就可根据此复制所恢复出的指纹来确定它的来源。对这种应用领域来说，水印不仅需要很强的鲁棒性，而且还要能抵抗共谋攻击。

下面具体介绍有关音频数字水印的相关知识。

8.3.1 数字音频水印算法

数字水印技术出现以来，对静态图像的隐藏研究较多，但随着 MP3、AC-3 压缩标准的广泛应用，对音频数据产品的保护就显得越来越重要。由于人耳的听觉要比视觉敏感得多，因此针对音频载体的隐藏算法设计要比针对静止图像的隐藏算法设计困难。目前国内外关于音频数字水印所采用的方法，可以分为以下 4 类。

1. 基于掩蔽效应的方法

这类音频水印技术主要应用人类听觉系统的掩蔽效应。掩蔽效应又可以分为 4 种：时域掩蔽、频域掩蔽、频率相位和回声掩蔽。

（1）基于听觉掩蔽模型的方法

这类隐藏方法将信息嵌入方法与心理声学模型算法密切结合起来，确保算法的透明性。有些研究把载体的频谱分成多个频带，通过计算每个频带的掩蔽效应确定在每个频带的嵌入强度，从而保证听觉的透明性；有的研究根据人耳的听觉掩蔽特性把音频载体信号分解成多个频带，选择在特定的频带上嵌入秘密信息；有的研究利用心理声学模型计算出载体信号的人耳不敏感的频带，直接抹去这些频带的信息，把要嵌入的音频信息调整到这些频带中，替代载体的这部分频带的信息。

（2）基于频率系数微调的方法

频域系数隐藏方法通过对 DWT、DTC、DTF 域的频谱系数进行修改达到嵌入秘密信息的目的。一般而言，在频域的低频分量中进行隐藏其鲁棒性较好，但是透明性较差；如在高频分量中进行隐藏，则透明性较好，但是鲁棒性较差。还有人提出了一种基于 DWT 变换域的数字音频水印算法，对小波低频系数采取模 2 取余方法作为数字水印嵌入策略。该方法能有效抵抗噪声、低通滤波、有损压缩的处理。

（3）基于回声掩蔽效应的方法

D.Grhul 等利用人耳的时域掩蔽效应首次提出了回声隐藏算法，有研究者对其中的回声算法进行了改进，提出了一种新的前后向回声核，提高了信息提取的正确率，降低了回声的嵌入强度，从而改善了听觉效果。回声隐藏算法的隐藏容量比较低，并且提取算法的计算复杂度高。

（4）基于频率相位隐藏的方法

目前提出的音频隐藏方法中，相位隐藏是信噪比最高的方法，但对标准信息处理方法的鲁棒性较差，并且隐藏容量较小。还有研究利用人耳对相位信息的改变不敏感这一性质，选择特定频谱对应的相位进行调制，其中这些算法的最大优点是能够抵抗 MP3 压缩和解压缩。

2．基于扩频通信的方法

扩频通信技术作为能够在低信噪比情况下可靠通信的技术，在近几年受到音频数字水印领域的学者的关注，一些学者开始尝试将扩频通信的思想移植到音频数字水印技术中。文献"Digital watermarks for audio signal"中的水印信息是通过滤波器对 NP 序列进行滤波产生的，即将滤波后的 NP 序列直接与载体信号相加。文献"GSM 移动通信中的音频隐藏算法"中提出了将载体音频进行分段，然后改变每段音频的能量来代表密文的 01 比特。这些思想利用大量的载体音频样点的综合特性来代表一个比特的密文，往往可以获得很好的抵抗 AD 采样等攻击的性能。有的研究人员利用扩频技术提出一种时域隐藏算法。该算法是自同步的，使用了 Welch-Cosats 阵列。Welch-Cosats 阵列具有远程分辨能力和多普勒效应，采用匹配的滤波器提取信息。

3．基于人类听觉不敏感区域比特替换的方法

基于不敏感区域比特替换的方法是最早出现的音频数字水印术。顾名思义，其方法就是将秘密信息嵌入到载体音频的低比特位，即人类听觉系统不敏感区域。该方法可隐藏较多的数据，但稳健性较差，无法抵抗音频数据处理所带来的破坏，通过音频编码压缩等操作即可对算法的鲁棒性产生严重影响，因此现在已经较少使用。

4．基于融和编码算法的方法

这种方法的信息嵌入必须与编码算法相契合。无论是 MPEG-x 系列还是 H.27x 系列的音频编码，音频水印的嵌入有 3 种情况：一种是原始码流水印；一种是结合编码后的位流水印；还有一种是结合量化编码的量化编码水印。由研究者提出的 MP3 Stego 隐写工具就是通过调节量化误差的大小，将量化和编码后的度作为数字水印的方法，即长度为奇数代表信息 1，长度为偶数代表信息 0，而将数字水印到最后的 MP3 比特流中。

8.3.2 数字音频水印攻击

针对数字音频水印攻击可划分为独立攻击、组合攻击和共谋攻击 3 类。

1．独立攻击

独立攻击的对象是单个数据样本，是其他复杂攻击的基本组成部分，这类攻击的共同点就是直接关系到对采样数据的修改。独立攻击是无目的和盲目的，它不关心被攻击音频内容中是否含有水印，无法保证攻击有效地破坏了水印，也无法确定各个攻击手段的强度。攻击手段如下：

（1）随机噪声

- 量化攻击：均匀量化和非均匀量化。
- 平滑攻击：中值平滑、均值平衡和动态规划平滑。
- 插值平移：Lgaarnge 插值拉伸和三次样条拉伸。
- 插值拉伸：Lgaarnge 插值拉伸和三次样条插值拉伸。
- 滤波技术：低通滤波、高通滤波、带通滤波和带阻滤波。

（2）有损语音编码

- ADPCM：自适应差分脉冲编码调制。

- LD-CELP：低延时码本激励线性预测编码。
- CS-ACELP：共轭结构—代数码激励线性预测编码。

（3）有损压缩格式。

有损压缩格式：MPEG1、MPEG2、AAC、MPEG4、WMA（Window Media Audio）和RM（Real Media）。

由以上罗列种种方法可以看出，独立攻击算法可以很简单（平滑或量化），也可以很复杂（MEPG 音频压缩）。简单的算法容易实现，但难以控制本身造成的听觉失真；复杂的算法多采用标准化的编码方式，能够较好地保持原有的声音品质，缺点是实现起来较有难度。

2. 组合攻击

组合攻击可以被看做一系列独立攻击的集合，组合攻击具有很强的针对性，采用何种组合攻击都基于攻击者掌握水印信息的多寡。

如果攻击者能够获得水印检测器，即他能够判断指定媒体数据是否含有水印，则攻击者可以采用上述的反复修改攻击。为了达到攻击后更好的保真度，并找出有效攻击的最小集合，攻击过程可以进一步修改。

3. 共谋攻击

共谋攻击与前两种攻击的不同之处在于，它的攻击对象是一组含有水印的载体数据，这些数据需要满足以下 4 个特征。

1）水印的嵌入手段相同或类似。

2）嵌入前的载体数据相同。

3）嵌入的水印内容各不相同。

4）具有足够多的数据样本。

这种攻击一般出现在上述数据可以获得的情况，这种情况是一种鲁棒性数字水印技术——数字指纹。

当多个客户将彼此的数据相互共享以达到破坏水印的目的时，就形成了共谋攻击。参与攻击的人数不是必要条件，如果盗版者掌握了足够多个含水印数据时，就足以展开攻击。假如某个盗版者发现通过独立攻击或组合攻击难以有效消除版权水印，那么共谋攻击可能将成为下一个选择。而在实施攻击前，盗版者必须要得到足够多的数据样本，假设这些样本数据如式（8-10）。

$$S_k = h(M, W_k) \quad k = 1, 2, \cdots, N \tag{8-10}$$

式中，$h(\cdot)$ 为水印嵌入函数；M 是未加水印的载体数据；W_k 是第 k 个水印数据。

在许多水印嵌入函数中应用最广泛的是加法函数。这些加法操作可能发生在时间域上[见式（8-11）]，也可能发生在 DFT、DCT、DWT 或其他变换域上，[见式（8-12）]。

$$S_k = M + W_k \quad k = 1, 2, \cdots, N \tag{8-11}$$

$$S_k = T^{-1}[T[M] + W_k] \quad k = 1, 2, \cdots, N \tag{8-12}$$

对于一般水印的组成形式，计算出这些样本的均值，可以得到式（8-13）。

$$\overline{S} = \frac{1}{N} \sum_{k=1}^{N} S_k = \frac{1}{N} \sum_{k=1}^{N} h(M, W_k) = M + \frac{1}{N} \sum_{k=1}^{N} W_k \tag{8-13}$$

容易看出，每份水印的强度已缩减到原来的 1/N。显然，当 N 足够大时，检测器将难以检测水印的存在。但并不是所有如式（8-10）所示的水印嵌入算法都难以抵抗共谋攻击，如果 $\dfrac{1}{N}\sum\limits_{\substack{k=1\\k\neq p}}^{N}W_k$ 和水印 W_p 在嵌入过程中正交或基本没有交集时，水印的提取仍然不受影响。

这里介绍数字音频水印攻击方法的目的在于设计强鲁棒水印算法时，必须要对当前的攻击方法及其原理有全面而充分了解。当然，要设计出能够抵抗所有攻击的水印算法是非常困难的。通常情况下，根据实际应用环境的不同需求，设计能够抵抗特定的一种或几种攻击方法的水印算法已经足够了。

8.3.3　数字音频水印算法评价准则

评价水印嵌入后原始音频信号被影响程度，除了利用人耳定性的评价以外，还可以采用定量的评价标准。对含水印的音频信号进行定量评价的标准——信噪比（SNR）定义如下：

设 N 为音频数据长度，x_i 为原始音频采样数据，$\hat{x}_i$ 为嵌入水印后的音频采样数据，则

$$SNR = 10\log_{10}\frac{\sigma^2}{D} \tag{8-14}$$

式中，$\sigma^2 = \dfrac{1}{N}\sum\limits_{i=0}^{N-1}(x_i - \overline{x})^2$；$\overline{x} = \dfrac{1}{N}\sum\limits_{i=0}^{N-1}x_i$；$D = \dfrac{1}{N}\sum\limits_{i=0}^{N-1}(x_i - \hat{x}_i)^2$。

如果在音频信号中嵌入的水印为图像，则为定量评价提取的水印与原始水印相似，采用归一化相关系数（NC）作为评价标准，其定义为

$$NC(W, W') = \frac{\sum\limits_{i=1}^{M_1}\sum\limits_{j=1}^{M_2}W(i, j)W'(i, j)}{\sqrt{\sum\limits_{i=1}^{M_1}\sum\limits_{j=1}^{M_2}W(i, j)^2} \cdot \sqrt{\sum\limits_{i=1}^{M_1}\sum\limits_{j=1}^{M_2}W'(i, j)^2}} \tag{8-15}$$

式中，W 为原始水印；W'为提取的水印，W 和 W'的大小为 $M_1 \times M_2$。

采用比特误码率（BER）来衡量算法的性能。BER 的定义如下：

$$BER = \frac{B_{error}}{B_{total}} \times 100\% \tag{8-16}$$

式中，B_{error} 表示误码比特数；B_{total} 表示总比特数。

音频水印容量：定义为单位时间内的音频信号中能嵌入水印信息的比特数，单位为 bit/s。假设音频的采样率为 R，分段长度是 L，小波分解的层数是 k，同步信号的长度是 T，水印容量是 C，则

$$C = \frac{R}{2^k} - \frac{R}{L} \times T \tag{8-17}$$

8.4　数字图像水印技术

8.4.1　数字图像水印算法

数字图像水印技术是多媒体数字水印技术的一个重要分支，也是数字水印技术应用最为

广泛的领域。迄今为止，数字水印技术取得了很大进步，国内外已有众多学者提出了各自的数字水印算法，典型的算法主要有如下类型。

1. 基于空域的数字水印算法

基于空域的数字水印算法通过直接对宿主信息做变换来嵌入水印信息。早期的数字水印算法是以空域算法为主的。算法通常比较简单，运算量小，缺点是抵抗攻击的能力往往会比较弱。

该类算法中典型的水印算法是最低有效位算法（Least Significant Bits，LSB），它是由 L.F. Turner 和 R.G.van Schyndel 等人提出的国际上最早的数字水印算法，是一种典型的空间域数字水印算法。将信息嵌入到随机选择的图像点中的最不重要像素位上，这样可以保证被嵌入的水印不易被察觉。但是由于该算法使用了图像不重要的像素位，所以算法的鲁棒性差，水印信息很容易被滤波、图像量化、几何变形等操作破坏。另外一种常用的方法是利用图像像素的统计特征将信息嵌入像素的亮度值中。典型的算法是 Patchwork 算法，该算法是由麻省理工学院媒体实验室 Walter Bander 等人提出的一种数字水印算法，主要用于打印票据的防伪。

该算法是随机选择 N 对像素点 (a_i, b_i)，然后将每个 a_i 点的亮度值增加 δ，每个 b_i 点的亮度值减少 δ，这样可以保证整个图像的平均亮度不发生改变，不易被察觉。适当地调整参数，Patchwork 方法对 JPEG 压缩、FIR 滤波、图像裁剪、灰度校正等具有一定的抵抗能力，但该方法嵌入的信息量有限，而且对仿射变换比较敏感。此外，还有纹理块映射编码法，该方法是将一个基于纹理的水印嵌入到图像具有相似纹理的一部分中，由于此方法是基于图像纹理结构的，因而很难察觉水印。但是由于是嵌入图像某一部分中，对剪切等图像处理操作抵抗能力较差。

为提高水印在空间域的鲁棒性，此后出现了一些更为复杂的技术。Hernandez 等人提出了一种深度 2-D 多脉冲幅度调制的方法。Wolfgang 等人把二维的 m 序列作为水印嵌入到图像的 LSB 平面，并利用互相关函数改善了检测过程。利用人类视觉系统的特性，1995 年 Macq 和 Qisquader 等人提出了在图像边缘附近改变 LSB 位的数字水印方法。继而，Macq 等人又提出了一种使用伪装和调制的水印方法，使嵌入的水印信号更加适应于宿主图像。Kutter 等人提出了一种更加复杂的感知模型，用于亮度和蓝色通道水印的嵌入，由于人眼对蓝色不太敏感，在对蓝色分量调制时嵌入强度可以适当加大。Chen 等人提出了一种基于量化索引调制而不是扩频调制的水印嵌入方法。为了抵制几何失真，Nikolaidis 等人提出一种空间域水印方法，他们对图像中的重要区域进行鲁棒性估计和分割，并且在这些区域嵌入水印信息。

此外，空域水印还可以通过利用分形图像编码来实现。基于分形的数字图像水印方法目前主要有 3 类：

第一类方法通过改变分形编码的编码参数嵌入水印。1996 年，J.Paute 和 F.Jordan 提出了一种基于分形图像编码理论的数字水印方法，该方法利用图像不同部分间的相似关系，根据水印信息来构造分形码，在图像的编码和解码过程中完成水印的嵌入；而对嵌有水印的图像进行分形编码则可以提取水印。但采用这种方法所得到的水印的鲁棒性及嵌入水印的图像质量，都不能达到理想的效果。后来，一些研究人员对此类方法进行了改进、包括在搜索范围上的改进、引进概率统计知识、应用改进的分形编码方法、改变分形编码的几何变换、改变灰度变换参数等。目前使用最多的是第一种方法。

第二类方法利用图像的自相似性嵌入水印。如 Tsekeridou 等人利用混沌映射产生具有自相似性的水印图像，以及采用笛卡儿栅格水印等。

第三类方法则将分形与其他理论相结合以嵌入水印信息。例如，时域分形编码与 DCT 域分形编码相结合的方法等。

2．基于频域的数字水印算法

频域方法是把数字水印加入到图像的变换域，如 DCT、DFT 和 DWT 等。基于频域的数字水印技术相对于空间域的数字水印技术，通常具有更多优势，一般的几何变换对空域算法影响较大，而对频域算法却影响较小。

E.Koch 等人首先提出基于 DCT 域的水印算法，把图像分成 8×8 的子块，按块进行 DCT 变换，选取中间频段系数加入水印信息。M.D.Swanson 则根据人类的视觉特性，利用频域伪装技术来改善 DCT 域水印的性能，使加入的水印信号不可见。Cox 等人提出的基于扩频通信技术的频率域数字水印嵌入策略，旨在兼顾水印信息的不易察觉性和鲁棒性，其重要贡献在于提出了将水印应嵌入到图像信息感知重要的部分，达到提高水印鲁棒性的目的。A.G.Bors 在 DCT 系数中加入满足正态分布的水印时，提出了两种约束方法：最小二乘法和定义在特定的 DCT 系数周围的圆形检测区域。Hemdndez 等人结合视觉模型提出了一种 DCT 域盲水印技术，对 DCT 系数统计建模并设计了一种最大似然比水印检测器。1997 年，J.O.Ruanaidh 等人提出了基于 DFT 的数字水印技术。Xiang-GenXia 等人提出了基于 DWT 的多尺度水印技术，把高斯白噪声加入到了 DWT 的高频系数中。D.Kundur 等人把小波的多分辨率分析和人类的视觉特性融合进了数字水印技术。Zeng 等人提出一种基于感知模型的变换域图像自适应水印方案，用临界可见误差来确定水印的最大嵌入能量。

3．基于压缩域的数字水印算法

基于 JPEG、MPEG 标准的压缩域数字水印技术节省了大量的解码和重新编码过程，对压缩编码方法具有更强的鲁棒性，水印的检测与提取也可直接在压缩域数据中进行。Hartung 和 Girod 等人于 1998 年提出了 MPEG-2 压缩视频域上的数字水印算法，在保持码率基本不变的情况下，将水印嵌入在 DCT 系数中，在检测时不需要原始媒体。Jordan 等人提出采用 MPEG-2 码流的运动向量来嵌入水印的方案。Talker 等人提出了一种广播控制的应用方案。Langelaar 等人提出通过加强视频片段中不同区域间的能量差别来加入水印，进而又提出了替换帧内编码块 DCT 系数的变长码和丢弃部分压缩视频码流的方法。Wang 和 Kuo 将水印技术与小波编码结合起来，在实现压缩的同时完成了水印的嵌入。Lacy 等人也开发了把水印和压缩技术相结合的算法。

4．NEC 算法

NEC 算法是由 NEC 实验室的 Cox 等人提出的基于扩展频谱的水印算法，它在数字水印算法领域中占有重要的地位。其实现方法是：首先以密钥为种子来产生伪随机高斯 N(0，1) 分布序列，密钥一般由作者的标识码和图像的哈希值组成，然后对图像做 DCT 变换，用伪随机高斯序列来调制该图像除直流分量外的 1000 个最大的 DCT 系数。此算法具有较强的鲁棒性、安全性和透明性。由于算法采用密钥的特殊性，对 IBM 攻击有较强的抵抗力，而且该算法还提出了增强水印鲁棒性和抗攻击算法的重要原则，即水印信号应该嵌入宿主信息中对人感觉最重要的部分，这种水印信号由具有高斯 N(0，1)分布的独立同分布随机实数序列构成。这使得水印经受多复制联合攻击的能力有了很大程度的增强。

5. 生理模型算法

人的生理模型包括人类视觉系统（Human Visual System，HVS）和人类听觉系统（Human Auditory System，HAS）。近些年来，利用人的生理模型的特性来提高多媒体数据压缩系统质量和效率的研究得到了许多关注，该特性不仅被多媒体数据压缩系统所利用，而且同样可以被数字水印系统所利用。Podilchuk 利用一些视觉模型，实现了基于分块 DCT 框架和基于小波分解框架的数字水印系统。其基本思想是利用从视觉模型导出的 JND（JustNoticeable Difference）描述来确定在图像的各个部分所能容忍的数字水印信号的最大强度，从而避免破坏视觉质量，即利用视觉模型来确定与图像相关的调制掩模来嵌入水印。这一方法既具有较好的透明性，又具有很好的鲁棒性。

综上所述，数字水印算法正在不断的发展和前进中日益完善，但是仍然存在许多不足，具有更加深入的发展空间，这就需要我们在不断学习和探索中寻找具有更好性能的新算法。

8.4.2 数字图像水印攻击

数字水印必须具有很强的鲁棒性，很难被清除。对多媒体数据的各种编辑和修改常常导致信息损失，又由于水印与多媒体数据紧密结合，所以也会影响到水印的检测和提取，这些操作统称为攻击。数字水印的攻击技术可以用来评测数字水印的性能，它是数字水印技术发展的一个重要方面。如何提高水印的鲁棒性和抵抗攻击的能力，是水印设计者最为关注的问题。一个实用的水印算法应该对信号处理、通常的几何变形，以及恶意攻击具有鲁棒性。常见的数字图像水印攻击算法有以下几种。

1. 鲁棒性攻击

鲁棒性攻击包括常见的各种信号处理操作，如压缩、滤波、叠加噪声、图像量化与增强、图像剪裁、几何失真、模数转换及图像校正等。

- 图像压缩：图像压缩算法是去掉图像信息中的冗余量。水印的不可见性要求水印信息驻留于图像不重要的视觉信息中，通常为图像的高频分量。而一般图像的主要能量均集中于低频分量上。经过图像压缩后，高频分量被当做冗余信息清除掉。目前的一些水印算法对现有的图像压缩标准（如 JPEG、MPEG）具有较好的鲁棒性，但对今后有更高压缩比的压缩算法则不能保证也具有同样好的鲁棒性。常见的压缩包括 JPEG、JPEG 2000、MPEG-2、MPEG-4 等。
- 低通滤波：图像中的水印应该具有低通特性，即低通滤波应该无法删掉图像中的水印。低通滤波器包括线性和非线性滤波器。常用的有中值滤波、同态滤波、高斯滤波和均值滤波等。
- 加性与乘性噪声：如高斯白噪声、均匀噪声、斑点噪声和椒盐噪声等。
- 图像量化与增强处理：一些常规的图像操作，如图像在不同灰度级上的量化、锐化、钝化、直方图修正与均衡、Gama 校正、图像恢复等，均不应对水印的提取和检测有严重影响。
- 几何失真：包括局部或全部的几何变换、图像尺寸变化、图像平移、旋转、缩放、裁剪、删除、翻转、增加图像线条及反射等。很多水印算法对这些几何操作都非常脆弱，容易被去掉。因此，研究水印对图像几何失真的鲁棒性也是人们所关注的。

2. IBM 攻击

IBM 攻击又称为解释攻击，是针对可逆、非盲水印算法而进行的攻击。其原理为：设原始图像为 I, 加入水印 WA 的图像为 IA=I+WA。攻击者首先生成自己的水印 WF, 然后创建一个伪造的原图 IF=IA-WF, 即 IA=IF+WF。此后, 攻击者可声称他拥有 IA 的版权。因为攻击者可利用其伪造原图 IF 从原图 I 中检测出其水印 WF; 但原作者也能利用原图从伪造原图 IF 中检测出其水印 WA。这就产生无法分辨与解释的情况。防止这一攻击的有效办法就是研究不可逆水印嵌入算法, 如哈希过程。

3. StirMark 攻击

StirMark 是英国剑桥大学开发的水印攻击软件, 它采用软件方法, 实现对水印载体图像进行的各种攻击, 从而在水印载体图像中引入一定的误差, 可以以水印检测器能否从遭受攻击的水印载体中提取/检测出水印信息来评定水印算法抗攻击的能力。如 StirMark 可对水印载体进行重采样攻击, 它可以模拟把图像用高质量打印机输出, 然后再利用高质量扫描仪扫描重新得到其图像这一过程中引入的误差。另外, StirMark 还可以对水印载体图像进行几何失真攻击, 它可以以几乎注意不到的轻微程度对图像进行拉伸、剪切、旋转等几何操作。StirMark 还通过一个传递函数的应用, 模拟非线性的 A/D 转换器的缺陷所带来的误差, 这通常见于扫描仪或显示设备。

4. 马赛克攻击

马赛克攻击方法首先把图像分割成为许多个小图像, 然后将每个小图像放在 HTML 页面上拼凑成一个完整的图像。一般的 Web 浏览器都可以在组织这些图像时在图像中间不留任何缝隙, 并且使这些图像的整体效果看起来和原图一样, 从而使探测器无法从中检测到侵权行为。这种攻击方法主要用于对付在 Internet 上开发的自动侵权探测器。该探测器包括一个数字水印系统和一个 Web 爬行者。这一攻击方法的弱点在于, 一旦当数字水印系统要求的图像最小尺寸较小时, 则需要分割成非常多的小图像, 这样将会使生成页面的工作非常繁琐。

5. 串谋攻击

串谋攻击就是利用同一原始多媒体数据集合的不同水印信号版本生成一个近似的多媒体数据集合, 通过对这些图像进行平均或利用每幅图像的一小部分重新组合新图像来去除水印, 以此来逼近和恢复原始数据, 其目的是使检测系统无法在这一近似的数据集合中检测出水印信号的存在。

6. 跳跃攻击

跳跃攻击主要用于对音频信号数字水印系统的攻击, 其一般实现方法是在音频信号上加入一个跳跃信号, 即首先将信号数据分成 500 个采样点为一个单位的数据块, 然后在每一数据块中随机复制或删除一个采样点, 来得到 499 或 501 个采样点的数据块, 再将数据块按原来的顺序重新组合起来。实验表明, 这种改变对古典音乐信号数据也几乎感觉不到, 但是却可以非常有效地阻止水印信号的检测定位, 以达到难以提取水印信号的目的。类似的方法也可以用来攻击图像数据的数字水印系统, 其实现方法也非常简单, 即只要随机地删除一定数量的像素列, 然后用另外的像素列补齐即可。该方法虽然简单, 但是仍然能有效破坏水印信号存在的检验。

7. Oracle 攻击

Oracle 攻击是利用已公开的水印解码器, 对加水印图像进行微小修改并反复进行, 直到水印解码器无法检测到水印为止。已知 C' 是由载体 C (攻击者得不到原始载体) 和某水印信息 W 经算法 A 得来：C' ＝C+W。攻击者以同样的方法，即通过 A 向 C'嵌入 W'，然后对 C'+W'进行修改，如果其修改结果能使 W'检测不出，则 W 也很可能检测不出。

由此可见，对数字水印的攻击是多种多样的，目前还没有任何一种数字水印算法能够抵抗所有的恶意攻击。

8.4.3　数字图像水印评价准则

从 20 世纪 90 年代初提出数字水印技术到现在，数字水印技术已经得到了蓬勃的发展。在大量的研究中，人们更多关注的是数字水印的设计方法，而忽略了对数字水印系统的评估方法与基础测试。

在本节中主要针对数字图像水印系统，给出含水印图像质量评价的一般标准。主要分为两大类方法：主观测试方法（Subject Test）和客观测试方法（Object Test）。

1．主观测试方法

对视觉质量的评价可以采用主观打分的方法进行。测试通常分为两步：第一步是将有失真的数据集按由好到坏分成几个等级；第二步是测试者要求给每个数据集打分和根据降质情况描述可见性。这种打分可以基于 ITU-R REC.500 质量等级评价（见表 8-1）。

表 8-1　ITU-R REC.500 中定义的品质和作品失真等级

5 个等级的标准			
品　　质		作　品　失　真	
5	优秀	5	不可感知
4	良好	4	可感知，但不让人厌烦
3	一般	3	轻微地让人厌烦
2	差	2	让人厌烦
1	很差	1	非常让人厌烦

主观测试的标准还有一些标准，这里就不进行详细介绍了。主观评价方法最终对图像质量的评价在某种程度上非常有用，但是在实际的定量度量方面则无能为力。因此，客观评价方法显得更加重要。

2．客观测试方法

（1）基于像素的测试方法

目前常用的图像质量测试方法是基于图像像素亮度值方法。大部分视觉信息处理中的失真度量或质量度量方法都属于差分度量法。例如，要测试两幅图像的差别，一般用两幅图像像度亮度之间的峰值信噪比（PSNR）或相关函数来表征它们之间的差别。

1）均方差值定义：

$$MSE = \frac{1}{mn}\sum_{i=0}^{m-1}\sum_{j=0}^{n-1}\left\|I(i, j) - \hat{I}(i, j)\right\|^2 \tag{8-18}$$

式中，$I(i, j)$ 表示原始图像的像素值；$\hat{I}(i, j)$ 表示失真图像的像素值；m、n 表示图像像素数。以下相同。

2）峰值信噪比定义：

$$PSNR = 10\log_{10}\left(\frac{MAX_i^2}{MSE}\right) \tag{8-19}$$

3）归一化互相关系数的定义：

$$NC = \frac{\sum_{i=0}^{m-1}\sum_{j=0}^{n-1}(I(i,j) \times \hat{I}(i,j))}{\sum_{i=0}^{m-1}\sum_{j=0}^{n-1}(I^2(i,j))} \qquad (8\text{-}20)$$

从表面来看，这种对图像质量的测试方法似乎可以给出定量的测试值。但是，由于它不是基于人类视觉模型的测试方法，因此有一定的局限性。尤其是对彩色图像的质量测试，它不能表示出彩色色度的变化和失真程度，往往看上去不错的图像，可能 PSNR 值却很小；而看上去不大好的图像，PSNR 值却很大。基于这一问题的研究，正在被关注和深入研究。

（2）基于人类视觉系统的度量方法

基于上述方法的缺陷，近年来越来越多的研究集中在人类视觉系统相适应的失真度量，这种度量方法考虑了各种对人类视觉的影响。通常，采用感知模型。

1）Watson 视觉模型。该模型利用了灵敏度、掩蔽及 Pooling 的思想，而且试图对图像间 JND（Just Noticeable Difference）值作出估计。实验结果证明该模型评价含噪声图像的感知效果远远优于 MSE。其定义如下：

$$D_{wat}(I,\hat{I}) = \left(\sum_{i,j,k}\left|\frac{\hat{I}_{i,j,k} - I_{i,j,k}}{s_{i,j,k}}\right|^p\right)^{\frac{1}{p}} \qquad (8\text{-}21)$$

式中，$I_{i,j,k}$ 表示原图 DCT 域的系数；$\hat{I}_{i,j,k}$ 表示失真图 DCT 域的系数；$s_{i,j,k}$ 为 JND 阈值所对应的 DCT 系数的最大变化量，也称为松弛度（Slacks）；p 是一个经验值，通常建议取 4。

2）Van den Brandm Lamprectit 和 Farrell 的失真量度。该模型利用了人类视觉系统的对比灵敏度和屏蔽现象，是基于人类空间视觉的多通道模型。该模型中采用了掩蔽峰值信噪比的概念，其每个颜色通道中掩蔽峰值信噪比的定义如下：

$$MPSNR = 10\log_{10}\frac{255^2}{I_{m,n} - JND_{m,n}} \qquad (8\text{-}22)$$

其中，$I_{m,n}$ 表示（m，n）位置的像素值；$JND_{m,n}$ 表示（m，n）个像素的可感知域值。

由于这个量度与 PSNR 的分贝值（dB）具有不同的意义，故采用视觉分贝（vdB）表示。有时还采用 ITU-R REC.500 的质量分数 Q 表示，定义如下：

$$Q = \frac{5}{1 + N \times E} \qquad (8\text{-}23)$$

式中，N 为标准化常数；$E = I_{m,n} - JND_{m,n}$。

3）视觉多通道、多分辨率特性的图像质量测试方法。该模型利用视觉系统多通道、多分辨率特性的图像质量测试方法，采用色度空间转换、感知方向性金字塔多分率分解，以及对比度增益控制，最终定量测试出两幅图像的失真度。其定义如下：

$$\nabla s = \sqrt[\beta]{\sum |s_0 - s_1|^\beta} \qquad (8\text{-}24)$$

式中，$s_0 = s_0(c,f,\theta,x,y)$ 为原始图像对比度增益控制的输出；$s_1 = s_1(c,f,\theta,x,y)$ 为被测图像对

比度增益控制的输出。c 表示通道，f 表示径向频率，θ 表示频带方向，x, y 表示位置。而 β 一般取 2。

8.5　数字视频水印技术

数字视频通常被看成是一系列静止图像序列，但它们却又有着时间上的连续性。因此在视频水印的嵌入和提取算法上，一般不仅仅是简单的采用静止图像的水印算法，而是紧密结合视频的特点及压缩编码格式，把水印的嵌入和提取过程扩展到连续的画面上来。视频水印技术的分类方式可以是多种多样的。根据水印嵌入的数据域不同，可以分为时空域水印和变换域水印；根据水印嵌入的视频载体是否压缩，可以分为压缩域水印和原始非压缩域水印；根据水印嵌入的具体算法分类，可以分为基于扩频嵌入的水印和基于参数替换嵌入的水印。考虑到视频水印技术必须与视频压缩编码系统相结合才能实现其应用价值，因此常用的分类方法是根据水印嵌入与数字视频编码系统的结合方式不同，将视频水印技术大致分为 3 类不同的嵌入方案。图 8-2 示意性地描述了不同嵌入策略和提取策略与视频编解码系统的关系。

图 8-2　视频水印嵌入方案

方案一：水印直接嵌入到原始视频流中。本方案通常采用直接改变视频数据的像素值来嵌入水印，由于嵌入信号的能量很低，不会被人的视觉系统（HVS）所察觉。其优点是隐藏的数据量大，实现容易、运算量小；缺点是常用的信号处理都可能破坏水印，水印稳健性能差。

方案二：水印嵌入到编码具体某一阶段中，如嵌入离散余弦变换（DCT）域中的系数或运动向量（MV）系数中。本方案的优点是水印嵌入在 DCT 系数或 MV 系数中，不会增加视频码流的数据比特率；水印嵌入在变换域，反映到空间域是整个图像所有像素上，能量分散，利于不可见性和稳健性，尤其是利用变换域与视频压缩编码标准的紧密关系，可以开发出性能优良的、适合压缩的压缩域算法。其缺点是水印嵌入需要一个解码—嵌入—编码的过程，会降低视频的质量。

方案三：水印直接嵌入到视频压缩比特流中。本方案的优点是没有解码和再编码的过程，不会造成视频质量下降，同时计算复杂度低。缺点是由于压缩比特率的限制而限定了嵌入水印的数据量的大小。

方案二和方案三下的水印嵌入方案都是对压缩或半压缩状态下的视频数据进行处理，统称为压缩视频水印。

下面分别介绍国内外学者关于原始视频水印和压缩视频水印的一些研究成果。

8.5.1　数字视频水印算法

1. 基于原始视频水印算法

原始视频水印是指直接对原视频数据进行处理，包括直接获取的原始视频序列，以及对压缩视频数据进行完全解压缩恢复到未压缩域的两种情况。按照水印嵌入和提取前是否对宿主信号进行某种变换，原始视频水印有可分为空间域水印和变换域水印两种方法。前者直接在原始视频数据中嵌入水印，后者对原始视频数据进行某种变换，如 DCT、DFT 或 DWT，然后进行水印的嵌入和提取处理。

（1）空间域水印

空间域水印算法是直接在空域数据中嵌入水印。早期的空间域水印主要是修改视频帧的最低有效位（LSB），但该算法鲁棒性较差，水印信息很容易被滤波、视频帧的几何变形等操作所破坏。爱立信研究院的 Frank Hartung 博士提出了借鉴扩频通信的基本思想，在未压缩视频中嵌入数字水印。这种方法是对基于图像的空间像素域扩频水印算法的一个推广。中国科学技术大学的俞能海副教授等人指出，很多文献中提到的从数据流中提取单帧图像进行处理的视频水印的算法，与静态图像的水印方法如出一辙，没有充分利用视频文件的各种特性，而且对帧平均、视频压缩等常见的运动图像攻击方法十分敏感。针对这些问题，以非压缩视频文件为实验对象，结合人类视觉模型和彩色图像场景分割的方法，提出并实现了一种基于视频时间轴的数字水印盲检测算法。

（2）变换域水印

变换域水印算法则是先将视频帧从空间域转换到某个变换域，然后再利用视觉模型对视频帧的变换域数据进行调制实现的隐藏。常用的变换域包括离散余弦变换（DCT）域、离散傅里叶变换（DFT）域、小波变换域和分形域等。通常有 3 种处理方法。一种方法是将视频流看成一个三维信号，其中两维在空间上、一维在时间上，对其进行三维变换，然后进行水印嵌入或提取；第二种方法将视频流看成静态图像的序列，采用图像水印技术中的变换域方法进行水印处理；第三种方法是将视频数据按块进行频域变换，由于视频编码标准中同样也是按块进行频域变换（多为 DCT 变换），因此，这种方法大多是与视频编码器相结合进行，属于压缩视频水印的内容。当前原始视频水印的研究，较多采用三维变换的方法。

在视频三维变换域中嵌入水印，因其在水印稳健性方面独有的优势，受到众多学者的关注。Swanson 等人提出一种采用三维小波变换的水印嵌入方案。小波变换可以实现用分辨率表示信号。小波分解的多分辨率特性在时域、空域和频域提供了信号的局部特定信息，是信号分析和处理的有力工具。Swanson 将视频序列以场景划分，对视频序列中来自同一个场景的帧进行三维小波变换并分块，对每块计算频域掩蔽矩阵和空域掩蔽矩阵，作为水印嵌入的依据，实现了嵌入水印较好的不可感知性和稳健性。

Deguillaume 等在视频序列的三维 DFT 域中嵌入水印。该算法将视频序列划分为连续非重叠的、长度固定的帧序列，水印嵌入或提取分别在每个序列上重复进行，嵌入相同的信息。水印嵌入时，将水印信号编码成扩频信号，对帧序列进行三维 DFT 变换，然后选择 DFT 系数的中频部分来嵌入水印。该水印方案对于空间位移和时间位移具有固有的不变性。同时，由于扩频序列的特性，该水印方案也能抵御简单过滤、添加噪音、MPEG 压缩等处理。北京邮电大学的张立和博士等利用 Gabor 基函数波形类似人视觉皮层简单细胞的感受野波形的特性，结合视觉通道中心频率具有对数频程关系的特点，从视觉系统时空多通道模型角度出发，提出一种三维塔式 Gabor 变换视频水印算法。

在变换域嵌入水印，可以综合利用人类视觉特性、视频序列固有的时间和空间特性、频域变换和通信领域的最新技术，来提高水印的稳健性，而且算法不受具体编码标准的约束，因此在变换域嵌入水印，一直是研究的热点。

2. 基于压缩视频水印算法

按照水印嵌入数字视频时选择的不同视频编码阶段，压缩视频水印可分为 DCT 系数水印、运动向量水印、GOP （Group Of Picture）图像类型水印等。由于压缩域视频水印的嵌入与具体的视频编码过程相结合，因此基于压缩视频水印算法是许多实时视频水印算法研究的重点。下面简要介绍几种典型的压缩域水印算法。

（1）DCT 系数水印

中国台湾大学的 C.T. Hsu 等人将 J. Zhao 等人提出的静态图像 DCT 水印算法进行做改进后用于视频水印。在视频水印的帧内块嵌入中，与 J. Zhao 算法相同，将中频系数作为嵌入点；在视频水印非帧内块的嵌入中，利用了时间方向上的掩蔽效应。算法结合 MPEG 编码预测结构，能获取更好的稳健性和不可感知效果。但最大的缺点是：因为攻击者易于推测水印的嵌入位置（某些固定的中频位置），导致安全性不够好。

Busch、Hsu 和 Dittmann 等都提出基于 DCT 系数的视频水印技术，他们中的一些算法借鉴了静态图像水印算法，同时考虑了人类视觉系统的特性，使嵌入水印满足不可感知性。荷兰理工大学的 Langelaar 等人提出利用 DCT 系数舍弃来构造水印的差分能量水印 DEW 算法，是目前典型的压缩域视频水印算法之一。这种方法在压缩数据流中有选择性地丢弃高频 DCT 系数，形成一个宏块内上半部分子块与下半部分子块高频系数之间的差值，以此来表示 0 或 1 的水印信息。该算法在实时性能、对抗 MPEG 压缩的稳健性等方面是目前视频水印算法中比较优越的。

（2）运动向量水印

运动向量是视频压缩过程中产生的编码信息，并具有一定的可变性，因此也可以作为水印信息的载体。Jordan 在一份 MPEG-4 提案中提出了一种在 MPEG-4 编码视频流中通过修改运动向量来嵌入水印的方法。该方法选定待嵌入的运动向量中的一个分量，如水平或者垂直分量，用该分量的数值通过一个公式计算，并将结果与待嵌入的水印比特信息进行比较。如果等式成立，则保留原来的数值；否则，修改原数值以使等式成立。这样，每个运动向量可以嵌入 2 比特信息，计算复杂度低，对视频比特率的影响也较小。

AlpVision 公司的 Kutter 等人提出一种在压缩视频的运动向量中嵌入/提取水印的算法。该算法利用改变运动向量的奇偶对应关系来实现水印嵌入。算法易于实现和实时操作且容量大，但是水印对于视频常规处理的稳健性较差。

就目前该类算法研究现状来看，基于运动向量的视频水印算法大多数具有实时性强、水印容量大、视觉质量好等特点，却几乎没有考虑稳健性（对码率转换）；少数文献针对稳健性做了工作，但是在视觉质量和实时性方面大打折扣。

（3）GOP 图像类型水印

视频编码过程中产生的其他信息也可以用来嵌入水印。Linnartz 提出的 PTY Mark（Picture Type Mark）算法直接根据水印信息来选择编码视频帧的图像类型。这种算法虽然设计新颖，但其抗攻击能力较差，在应用中具有较大的局限性。

除了 DCT 系数、运动向量和 GOP 图像类型水印这 3 种压缩域水印算法以外，VLC 码字、脸部参数等视频数据特有的参数结构，也是压缩域视频水印技术重点研究的对象。这些水印方案与视频编解码系统紧密结合，在失真度许可的范围内对水印信息的稳健性、安全性和容量等方面的要求给予不同程度的考虑。

8.5.2 数字视频水印攻击

数字视频文件在编辑、传输、播放和存储过程中都可能受到各种有意或者无意的攻击，从而最终影响到嵌入在视频内部的水印信息，以及影响到对水印信息的有效检测。而通常一种视频信息隐藏算法设计是在隐藏性、安全性、鲁棒性和容量等之间的一种折中。因此对于一种特定的视频信息隐藏算法很难抵抗所有的攻击，但在这里有必要对各种针对视频信息隐藏技术的常见攻击进行一个较为全面的了解。这样才能在以后的算法设计中根据特定的场合需要，在这几个特点中进行适当的折中，从而设计出适合特定需要的算法。

对视频的攻击从攻击者的意图来分可分，为无意攻击和恶意攻击两大类。

（1）无意攻击

无意攻击主要是指各种常见的视频格式转换和内容编辑等切合实际应用需要，而对视频数据进行的合理改变。这类攻击通常不影响视频的正常观看，但是有可能改变视频信息隐藏算法最初所依赖的数据环境。例如，一些格式转换操作会对针对某种特定格式而嵌入的水印信息造成严重的影响。典型的无意攻击包括视频标准间的转换所带来的帧速率和显示分辨率的改变，屏幕高度比的改变、帧删除、帧插入、帧重组等视频编辑处理，以及一些低通滤波、噪声干扰和几何失真等。

（2）恶意攻击

恶意攻击是指攻击者恶意地有目的性地想要破坏或者除去视频数据中水印信息的有效性、完整性，而对视频采取的恶意操作。在很多应用场合中，信息隐藏技术是用来保护信息所有者信息所有权的声明或所有者用来控制信息内容的手段，攻击者的目的是想要消除信息所有者的水印信息的有效性，使相应的信息隐藏系统的检测工具无法正确地恢复水印信息，或不能检测到水印信息的存在，以实现盗版或仿造证据等非法意图。以攻击手段来分，数字媒体信息隐藏技术面临的恶意攻击主要有 5 类：共谋攻击，通过已有的带有水印信息的多个多媒体数据统计分析出嵌入的水印信息；稳健性攻击，目的是削弱水印信息的存在性或者消除水印信息；表示性攻击，目的是通过修改载体对象内容，使得检测过程无法再检测到水印信息；解释性攻击，意指攻击者可以伪造某种情形，从而阻止原始水印信息拥有权的证明；合法性攻击则利用了法律条款上的一些漏洞。

对于视频信息隐藏技术而言，由于视频数据连续图像帧的特殊结构，在上述 5 类恶意攻击中，共谋攻击尤为突出，是设计稳健型信息隐藏算法要着重考虑的问题。针对视频信息隐藏技术的共谋攻击又分为视频间共谋和视频内共谋。

● 视频间的共谋攻击：这起源于静态图像的共谋攻击。一些用户使用不同的嵌入水印信息后的数据版本，来产生不含水印信息的数据。在版权保护应用中，在不同的视频文件中嵌入相同的水印信息，这时可能出现第一类共谋攻击，即联合这些不同的视频文件，估计出水印信息，再从视频文件中减去这个估计数据，得到没有嵌入水印信息的视频数据。或者，在指纹应用中，每个攻击者拥有嵌入不同的水印到同一视频中，这样即可能产生第二类共谋攻击，即利用嵌入不同用户信息的同一视频文件的多份复制品，通过适当操作（如取平均）得到没有嵌入任何用户信息的视频数据。视频间的共谋攻击需要多个不同嵌入水印信息的视频数据来产生无嵌入数据。

● 视频内的共谋攻击：这起源于视频本身独有的攻击方式。许多信息隐藏算法将视频看做静态图像序列。由此，视频数据中的水印信息可以被看做静态图像水印信息序列。如果每一帧中嵌入相同的水印信息，由于可以从运动场景中获取不同的图像，因此可能导致第一类共谋攻击。另一方面，每一帧中嵌入不同的水印信息，则第二类共谋攻击在静态场景的情况下是可能的。这样，仅对视频流内部处理就可能导致水印信息丢失。

由上述分析可以看到，主要的威胁就是内部帧的共谋攻击。也就是说，只要拥有一个视频数据就可以用来去除视频中的水印信息。而这两种策略，即在每一帧中嵌入相同的水印信息和在每一帧中嵌入不同的水印信息，都会面临共谋攻击。有的研究给出一种基本准则，可以有效防止视频内的共谋攻击。例如，嵌入到两个不同的视频帧中的水印信息，其相关性要如同这两个视频帧的相关性一样高。例如，如果两帧相差很大，嵌入的水印信息应该是不相似的。如果留意以上两种共谋攻击的定义，可以看出这个准则的合理性，它表明水印信息和宿主帧之间要具有独立性。

8.5.3 数字视频水印技术的特殊要求

从直观上看，视频作为一种三维的信号有着与作为二维信号的图像明显的区别。视频拥有比图像更多的数据空间，也能够承受更多的数据载荷。视频可以被看做多帧连续图像构成的序列，相邻的画面之间在内容上有着高度的相关性，并且还拥有动态编码的过程。因此视频水印技术具备一些独有的特征，概括如下：

（1）随机检测性

随机检测性是指可以在含有水印信息视频的任何地方、在短时间内检测出水印信息的存在。随机检测性是针对视频数据在随机播放和剪辑等具体场合的应用对信息隐藏技术提出的新的要求。一个信息隐藏方案是实时的，但是如果只能从视频的开始位置按播放顺序一步步检测出水印信息，则不具备随机检测性；如果跳转到视频的任何一个位置，也能够在很短时间内检测出水印信息，则认为具有随机检测性。有文献对这一问题进行了专门的论述，提出了一种可随机检测的视频水印方案，该方案与 MPEG-4 标准相结合，在纹理信息内部编码 I-VOP 的像素值为 8×8 的 DCT 变换系数中嵌入水印，通过 DC 系数生成特征值来控制水印的同步和字节对齐，从而有效地解决了视频水印的随机检测问题。

（2）不可见性

不可见性一方面是指隐藏的水印信息不影响宿主信息的使用价值，即因嵌入水印信息导致视频的变化对于用户视觉来说应该是不可察觉的，最理想的情况是嵌入水印信息后的视频与原视频在视觉上完全一致；而另一方面是指水印信息是不可见的，不可以通过统计的方法或者水印信息处理的方法来提取水印信息和判断水印信息的存在。

（3）鲁棒性

鲁棒性是指视频在经历不管无意或有意的信号处理后，视频内的水印信息仍然完整或者仍能被完整鉴定出来。如果攻击者知道水印信息的存在，那么试图去除或者破坏水印信息将导致视频的严重质量下降或者不可用，这是鲁棒性应有的特性。对水印信息鲁棒性的要求高低取决于不同的应用环境。对于各种攻击的鲁棒性的评定标准，常见的有相关系数和归一化汉明距离。

（4）实时处理性

在静态图像中嵌入或检测水印信息，几秒钟的延迟时间是可以允许的，然而对于视频这是不现实的。视频帧必须以相当高的速率传送，来保证获得平稳的视频流。根据不同的应用场合，至少嵌入器或检测器，甚至两者都要能够以这样一个速度来处理水印信息的嵌入或检测。例如，在广播监视的过程中，检测器应该能够实时的检测节目标识。在视频点播过程中，视频服务器应该能够以与视频流相同的速率嵌入识别用户的指纹信息。显然，为保证实时性，信息隐藏算法的复杂度应当尽可能低，但必须兼顾安全性和稳健性等其他的性能要求。鉴于视频实时性的需求，从视频数据的特殊结构来看，如果水印信息能够直接嵌入压缩视频流，则可以有效避免全部解压和再压缩的过程，这将大大减少计算量。这是解决视频实时处理性的第一种解决方案。

视频实时处理的第二种能解决方案是盲检测方案。在提取验证水印信息时，若提取时需要原始宿主信号，则称为非盲检测；否则，称为盲检测。使用原始的宿主信号，更有利于检测和提取信息。但是，检测时用到的原始宿主信号容易暴露给恶意的攻击者。在某些应用中，并不能获得原始的宿主信号，即使能够获得原始的宿主信号，但由于数据量巨大，要使用原始的宿主信号也是不现实的。对于视频数据来说，这一点表现得尤为突出。因此，除了极少数的方案外，目前主要研究的是盲检测视频信息隐藏技术。在未来的应用中，盲检测的信息隐藏方案越来越显得重要。

（5）视频速率的恒定性

视频速率的恒定即水印信息加入后必须服从传输信道规定的带宽限制，满足原始码流码率约束条件，不能过度增加数据量，使视频比特流的速率超过阈值。如果嵌入水印信息后增加了视频播放的速率，解码出的声音和图像则有可能不同步，引起失真，这是应当避免的。

8.6　一种基于 DCT 视频水印的改进算法

8.6.1　算法模型介绍

在本节中提到的基于 DCT 数字视频水印模型采用如图 8-3 所示的水印嵌入模型，主要采用在选定的视频帧中嵌入水印的方法。

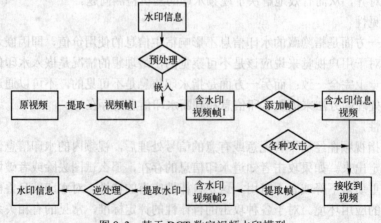

图 8-3　基于 DCT 数字视频水印模型

该模型结合了图像水印的丰富经验，其关键是利用图像 DCT 水印嵌入和提取算法。当然视频有其自身的特点，在图像添加到视频帧中及从视频中提取帧时，都可能造成水印的损失，这些都是在数字视频水印算法中需要认真考虑的。

在该视频水印算法中，之所以采用 DCT 变换是由于 DCT 变换正交性好，具有快速运算等特点，而且目前被许多视频编码所采用。在 DCT 系数中嵌入水印，是目前研究较多的技术，可以借鉴的数字图像 DCT 成果丰富，技术也比较成熟，而且稳健性较好。

8.6.2　算法基本思想

本小节提出具体的基于 DCT 视频水印嵌入算法。为了更直观地显示嵌入的水印效果，本章中使用的嵌入水印为一个"交大校徽"的灰度图像，如图 8-4 所示。

从上面的模型中可以看出，本算法主要的工作重点在水印的嵌入和提取上。对于嵌入过程，嵌入的原理是：对于提取出的整幅帧进行 DCT 变换，将一个灰度图像作为水印，水印中的每个图像像素点经过一定处理后，嵌入到变换后的幅值最大的 n 个 DCT 系数（即 DCT 变换后的

图 8-4　嵌入水印图像"交大校徽"

低频分量或者直流分量）中。由于视频中提取出的特定帧多为真彩色图片，因此在本算法中需要对真彩色帧中的 R、G、B 分量分别嵌入水印，这样可以降低嵌入后原帧的失真；在后面的提取过程中，可以分别从这 3 个分量中提取出水印信息，并进行比较和进一步的攻击实验。

其嵌入公式为

$$M(x) = Y(x)(1 + \alpha W(x)) \tag{8-25}$$

式中，$Y(x)$ 为经过 DCT 变换后选出的幅值较大的 DCT 系数；$W(x)$ 为经过处理后需要嵌入的水印信息；α 为嵌入强度；$W(x)$ 为含有嵌入水印信息的新的 DCT 系数。

由于是直接从嵌入图像中读取水印像素点值，$W(x)$ 的范围为[0，255]，幅值较大；若直接嵌入到 DCT 系数中，则在嵌入后会产生较大的图像失真。因此需要在嵌入前做前期处理工作，把嵌入的水印信息转化成[-1，1]间的值，以便于水印的嵌入及保证嵌入后图像的保真性。

对于嵌入强度 α 的选取，也是比较矛盾的。如果 α 值过小，则嵌入水印的图像保真性很强。但由于嵌入强度不够，在后面的提取中就会出现提取出来的水印较模糊，特别是在合成视频及受到攻击后效果就会更差；倘若 α 值过大，则刚好相反，嵌入水印的帧容易失真，但方便于后面的提取工作。因此对于嵌入强度 α 的选取，只能是保真性和稳定性间的一种折中。

8.6.3　嵌入算法步骤

下面仅对视频中选取一帧中的 R 分量进行水印图像嵌入，流程图如图 8-5 所示。

具体嵌入过程如下：

1）读取水印图像大小 $p \times q = L\_W$，并将水印信息转化成[-1，1]之间的列序列 $W_1(x)$。

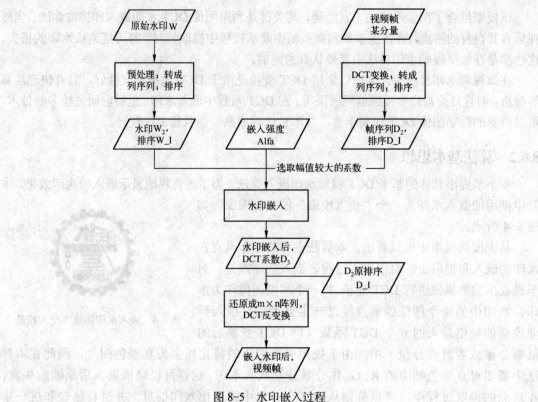

图 8-5　水印嵌入过程

2）对水印序列 $W_1(x)$ 进行从大到小排序得到序列 $W_2(x)$ ，并记住排列顺序 W_I。

3）提取出嵌入图像的 R 分量，读取大小为 $m \times n = L\_D$ ；经过 DCT 变换后，再转化成单列的序列 $D_1(x)$ 。

4）对 $D_1(x)$ 序列同样按从大到小进行排序，得到序列 $D_1(x)$ ，并保存排列顺序 D_I。

5）对 $D_2(x)$ 中幅值较大的 n 个 DCT 系数，通过式（3-1）结合水印信息 $W_2(x)$ 进行水印嵌入，得到嵌入后的 DCT 系数 $D_3(x)$ 。

6）按 D_I 中的排序将 $D_3(x)$ 还原成原来 $m \times n$ 阵列，经过 DCT 反变换后还原原始帧图像。

8.6.4　提取算法步骤

由式（8-18）的嵌入公式，可以很容易得到提取算法的提取公式：

$$W(k) = \frac{Y_2(y) - Y(y)}{Alfa \cdot Y(y)} \tag{8-26}$$

其中，$Y_2(y)$ 为欲提取水印的图像帧经过 DCT 变换后的 DCT 系数；$Y(y)$ 为原始图像帧经过 DCT 变换后的 DCT 系数；Alfa 为水印提取强度；$W(k)$ 为嵌入到该点的水印信息。

该算法提取公式较为简单，提取强度 Alfa 很容易影响到提取出来水印的效果。由于在图像帧嵌入到视频中及中间可能受到的攻击，如果直接选择原来嵌入程序中的嵌入系数，容易造成提取出来的水印不够清楚，因此通过适当调整提取算法中的提取强度 Alfa ，也能够在一定程度上改善提取出来的水印信息。

同样在提取算法中，该过程类似于嵌入算法的一个逆过程。由于在视频帧的 3 个 R、

G、B 分量中分别嵌入水印信息，因此在提取算法中可以从这 3 个分量中分别进行水印的提取工作。在该提取程序中，就包含了分别从这 3 个分量中提取水印的工作，以便于进一步的比较实验。

下面对视频中水印的提取过程进行一个简单的流程介绍。提取解法流程图如图 8-6 所示。

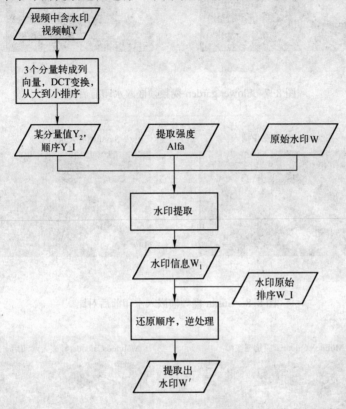

图 8-6 提取算法流程图

1）读入包含水印的视频文件，从中选取出需要提取水印的视频帧。

2）读取视频帧中某一分量的大小 $m \times n = L\_Y$，将视频帧的 3 个分量经过 DCT 变换后，分别都转化成列向量 $Y_1(y)$。

3）对 $Y_1(y)$ 进行从大到小的排序，得 $Y_2(y)$，排列顺序保存文 Y_I。

4）结合原始图像 DCT 变换后的 DCT 系数，以及提取强数 Alfa，对水印信息进行提取，得到水印信息 $W_1(k)$。

5）按照原先水印大小的排列顺序 W_I，将列向量的 $W_1(k)$ 还原成原先的 $p \times q$ 矩阵 $W_2(x)$。

6）对 $W_2(x)$ 进行逆处理，还原成原先的范围[0, 255]。

7）对于另外两个分量水印的提取，重复（2）～（5）的步骤进行提取。

8）显示各个分量中提取出来的水印信息。

8.6.5 仿真试验分析

1. 针对算法可行性的试验

图 8-7～图 8-10 分别为各视频帧嵌入水印前后的对比效果。

图 8-7　Flower garden 视频帧嵌入水印前后对比

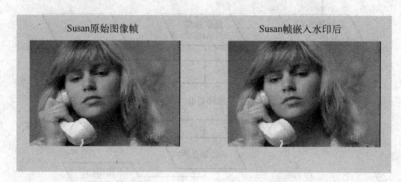

图 8-8　Susan 视频帧嵌入水印前后对比

图 8-9　Mobile & Calendar 视频帧嵌入水印前后对比

图 8-10　Tennis 视频帧嵌入水印前后对比

从上面 4 幅对比可以看出，在嵌入水印前后，视频帧几乎没有任何变化，这样就保证了嵌入水印后原视频帧的无失真性。

下面再分别从这 4 组视频帧中提取出水印信息。由于在前面的算法中提到过，该算法是在真彩色的 R、G、B 三个分量中分别嵌入水印，因此可以从一个嵌入水印的视频帧中提取出 3 个水印。在这里，使用与嵌入水印时一样的提取强度 Alfa 进行提取，图 8-11 分别给出了帧对上述前两组 Flower garden 视频和 Susan 视频帧提取水印的效果。

图 8-11　Alfa 为 1 时，各视频的帧 R、G、B 分量中分别提取出的水印

从上面提取出来的水印效果可以看出，提取出来的水印效果还算清晰，只是颜色上稍微有点淡，R、G、B 三个分量上提取出的水印相差不大，R 分量上提取出的水印噪点会稍微多一些。

上面提取的水印是使用与嵌入算法中一样的嵌入强度进行提取，即**提取强度=嵌入强度**。现在选取与嵌入强度不同的提取强度进行提取，取提取强度 *Alfa* 为 0.3。图 8-12 分别给出了在 Flower garden 和 Susan 视频帧中使用提取系数 0.3 提取出来的水印。

图 8-12　Alfa 为 0.3 时，各视频帧 R、G、B 分量中分别提取出的水印

从上面两组提取出来的水印可以看出，水印的清晰强度会明显高于前面再提取系数为 1 时的水印效果，但同时噪点的清晰程度也在加强。对于不同的视频帧提取出来的效果，也略

有差别，Susan 视频帧提取出的效果就稍微好于 Flower garden 视频帧提取出来的水印效果。从上面两幅图也可以看出，在 R、G、B 三个分量中 R 分量提取出来的水印噪声点更多一些。

2. 针对视频帧的攻击试验

1）高斯滤波器攻击。在该仿真实验中，是让嵌入水印的视频帧经过高斯滤波器进行滤波，该滤波器为[10, 10]，图 8-13 给出了经过该滤波器后的视频帧效果，以及从攻击后的视频帧中分别对 R、G、B 分量提取水印的效果。

图 8-13　通过高斯滤波器

从图 8-13 中可以看出，在经过高斯滤波器后，图像帧变得很模糊；从提取出的水印也可以看出，水印中增加了很多干扰噪点，但水印的整体还是依然比较清晰的，该算法还是能够在一定程度上抵抗该攻击。

2）剪切部分图像帧攻击。在该仿真实验中，是剪切掉已嵌入水印的图像帧的一个角落，随后再从该不完整帧中提取出水印信息，图 8-14a 给出了完整切除一个图像帧提取出来的水印效果；图 8-14b 给出了只切除图像帧一个角落上的红色分量后提取出来的水印效果。

图 8-14　切除视频部分帧后的 R、G、B 分量中提取出的水印

a) 完整切除部分视频帧后的提取水印　b) 切除部分视频帧中的红色分量后的提取水印

134

从图 8-14（左）可以看出，在完整切除部分视频帧后，对于提取出来的 R、G、B 分量上的水印总体变淡，但水印依然完整。而由图 8-14（右）可以看出，在只切除部分视频帧中的红色分量后，对于提取出来的水印只有 R 分量上变淡，其他分量上依然与原来相同。

由上述实验及分析可以看出，对于切除部分视频的攻击来说，该算法还是能够较强健的抵抗。如果只切除某分量上的部分帧，则依然能从其他分量上完整提取出水印信息。

3）旋转 45° 攻击。在该仿真实验中，对嵌入水印信息的视频帧逆时针旋转 45° 后，再从该旋转后视频帧中提取水印，以验证水印的稳健性。

图 8-15 给出了在将 Susan 视频帧逆时针旋转 45° 角后，提取出来的水印效果。

图 8-15　视频帧旋转 45°

从图 8-15 中可以看出，在视频帧经过旋转后，图片信息明显丢失。而从 R、G、B 分量中提取出来的水印依然比较清晰，虽然有些噪点，但依然能够较清楚地辨别水印信息。因此该算法对帧旋转攻击有一定的稳健性。

本节中介绍一种基于 DCT 视频水印改进算法。在视频帧的 R、G、B 分量上均嵌入了灰度图像水印信息，并运用提取算法进行提取，取得了预期的效果。然后分别进行了这 3 个分量上提取出来水印的比较分析。

从实验结果来看，从 G、B 分量上提取出来的水印稍微好于从 R 分量上提取出来的水印。在从视频帧合成视频后，再从中提取水印，虽然提取出来的水印不如嵌入时水印那么清晰，但依然能够比较清楚地分辨出来。

在本节中还对提取算法进行了攻击实验仿真，主要进行了滤波器滤波、旋转及剪切帧等比较常见的攻击测试，该算法对抵抗这些攻击有一定的稳健性。特别是在 3 个分量中嵌入水印后，即便某个分量上的水印被破坏，依然能从其余分量中完整提取出水印信息，不过这是以数据冗余为代价的。

在本节算法中还对嵌入强度和提取强度之间的关系进行了简单的实验，实验仿真表明适当的调整提取强度和嵌入强度之间的关系能对提取出来的水印产生一定的影响，使得提取出来的水印更为清晰，而没必要一定要提取强度与嵌入强度取相同的值。

视频水印算法中采用 DCT 变换是由于 DCT 变换正交性好，具有快速运算等特点，而且目前被许多视频编码所采用。在 DCT 系数中嵌入水印，是目前研究较多的技术，该技术也比较成熟，而且稳健性较好。

8.7 本章小结

本章中对信息安全信技术——数字水印技术进行了一个简要的阐述。目的在于让人们熟悉、了解这门新技术的特点和工程实践。数字水印技术从诞生至今，不过短短十多年的时间，但是在工程应用中却起着越来越重要的作用。以往密码学通过加密的方法对信息保护，但却招致了各种密码攻击，而密码技术也在不停地更新密码算法、提高密码的复杂度和增加密钥的长度，人们在密码上花费的代价越来越高，对新安全技术的需求越来越迫切。数字水印技术作为信息安全领域的一种新学科、新技术，带给人们新的希望。无论是电子产品版权保护、电子产品的真实性认证，还是电子产品的追踪和监管，都展示出了极大的优越性。尤其是与密码技术结合的应用，为密码技术的应用带来了新的活力。

8.8 习题

一、填空题

1. 公元 998－1021 年，四川民间发明了银票"_____"。其正面都有银票庄的印记，有密码画押，票面金额在使用时填写，可以兑换，也可以流通。

2. 数字水印模型包括 3 个过程：_____ 、_____和_____。

3. 数字水印技术与密码术并不是互相矛盾、互相竞争的技术，而是_____、_____。它们的区别在于_____的不同、_____不同，实际应用中往往需要两者互相配合。

二、问答题

1. 简述数字水印理论与密码学理论的主要区别与联系。

2. 数字水印技术的特性是什么？

3. 举例说明数字水印的不同应用。

4. 举例说明数字水印的整个过程。

第9章 网络舆情监测与预警系统

网络信息内容安全管理主要解决的问题是面对网络中大量传输与发布的信息，进行全面准确地提取、智能化的分析与知识提取，以及必要的访问控制。在一般的应用中，典型的网络信息内容安全管理系统可以从基本功能上分为两类。

第一类为基于内容的网络访问控制，该类系统通过对于网络传输内容的全面提取与协议恢复，在内容理解的基础上进行必要的过滤、封堵等访问控制。典型的基于内容的网络访问控制系统包括：带有关键字词过滤的防火墙；具备特征码匹配能力的防病毒防火墙；具备过滤能力的反垃圾邮件服务器等。基于内容的网络访问控制系统通常应用于国家、企业与组织的边界防护，实现对于有害内容的管理。

第二类为网络舆情监测与预警系统。该类系统在于网络公开发布信息的深入与全面提取的基础上，通过对于海量非结构化信息的挖掘与分析，实现对于网络舆情的热点、焦点、演变等信息的掌握，从而为网络舆情监测与引导部门的决策提供科学的依据。事实上，随着网络信息化技术的发展，该类系统是 2004 年以来网络信息内容安全管理高速发展的领域。在本章中，将重点以上海交通大学实际设计与部署的区域大型网络舆情监测与预警系统为原型，介绍网络舆情监测与预警系统的需求背景、工作原理和核心技术，并重点介绍系统中的核心模块——网络论坛内容监测系统，使读者对于网络舆情系统有一个全面与深入的认识。

9.1 舆情系统的背景和应用范围

9.1.1 现状

网络信息技术的飞跃发展正在全方位、深层次地改变着我们的生产与生活方式。信息发布与传输的方式正经历着巨大变革。互联网等新兴信息载体的出现一方面为社会大众提供了前所未有的海量信息资源；另一方面也为民众提供了便捷地表达各自观点的平台。互联网逐步成为网络信息时代主流传输载体，不仅改变人们对于大众媒体的传统认识，而且也极大地改变了传统的信息传播程式。具体表现主要有以下几方面：

（1）社会大众信息发布能力的快速提升

与传统的大众传播媒体不同，互联网可以成为一种跨国界、多语种、分布式和多种接入方式下的信息交互与资源共享平台。从技术角度分析，在该平台下的信息发布具有"零门槛"，即任何具有接入互联网机会的个体均拥有信息发布的条件和能力。因此，与传统媒体中大量信息来自于固定信息编写群体不同，互联网真正提供了广泛的信息表达渠道。随着 BLOG 与 RSS 等技术的发展与成熟，越来越多的个人发布信息将成为网络媒体的重要信息来源；也随着互联网技术的推进与普及，社会大众信息发布能力必将获得革命性的提高。这既保证了网络媒体平台的活力与网络文化的百花齐放，也对互联网信息资源定位与管理带来了巨大的挑战。

（2）社会大众信息应用与解读能力的不断平均

互联网的快速发展在另一方面带来的巨大变革是社会大众对于信息应用与解读能力的不断平均。影响信息综合应用和解读能力的因素主要包括对于信息源的及时了解、对于相关信息源的及时掌握，以及多信息源的关联分析。在使用传统大众传媒的情况下，由于社会大众接触的信息源无论是在数量上还是在内容上均受到相当的约束，因此社会大众对于信息资源的应用与解读能力存在明显的差异。部分人群由于可以接触更多的非大众媒体信息源，因此可以做出对信息资源更好的应用与解读。而互联网可以为社会大众提供海量的信息源和大量的针对个人/组织的各类信息研判。对于互联网时代的社会大众而言，其对于信息资源利用与解读能力得到了前所未有的提升。从另一个角度而言，由于互联网中信息资源的海量性和覆盖性，传统大众传媒情况下存在的社会大众对于信息资源利用与解读能力的不均衡已经被极大地改善了。

（3）非主流信息的非比例传输能力引起各界关注

从技术基础角度讲，互联网方面是提供面向社会全面的信息发布与传输体制。由于参与互联网信息发布与传输人群的利益及关注话题的特殊性，互联网作为信息时代重要传播载体却体现出一个与传统大众传媒完全不同的特点——非主流信息的非比例传输能力。由于传统媒体采取的是由固定信息编写群体提供信息的方法，因此非主流信息在传统媒体中得到的关注相对较小。其主要表现为对于弱势群体意向和影响面较小事件缺乏足够的关注。随着互联网技术的普及，这种现象得到了彻底的改变，在某种情况下甚至出现了矫枉过正的情况。突出的表象是各类非主流信息得到社会的广泛关注，对某些问题甚至超越了对主流信息的关注度。例如，在互联网上引起广泛探讨的针对矿难、腐败、国际关系等方面的问题。对于非主流信息的非比例传输能力从一个侧面也反映了互联网平台发展的不确定性和多变性。目前这一特点已引起社会各界的高度关注。

随着我国信息化建设的深入，互联网已经成为我国最重要的大众传播载体之一。根据 CNNIC 在 2005 年 7 月的第十六次中国互联网络发展状况统计报告调查数据，截止到 6 月 30 日，我国上网用户总数达到 1.03 亿，其中宽带上网人数 5300 万，拨号上网人数 4950 万。与此同时，信息发布与信息传输基础设施也取得了长足的发展。目前，CN 下注册的域名数已经达到 622534 个，而实际网站数为 677500 个。全国网络国际出口带宽达到 82617Mb。根据这些数据不难看出，在我国，互联网已全面进入人们日常生活，成为社会影响力巨大的信息传媒力量。

在享受信息化建设和互联网普及带来的巨大便利和海量信息资源的同时，我们也必须认识到互联网发展带来潜在的社会舆论和文化安全问题。一是以互联网为代表的新兴媒体影响不断扩大，日益影响着人们的社会生活和政治生活。社会转型期的各种矛盾在网上集中反映，"虚拟社会"的大量情绪性舆论在网上形成一个个大大小小的非理性舆论场。境外敌对势力通过互联网加紧对我意识形态渗透，涉及我国核心利益的舆论攻击从未间断。二是以互联网为代表的新兴媒体的社会属性日益明显。"网络社会"所具有的虚拟性、匿名性、无边界和即时交互等特性，使网上舆情在价值传递和利益诉求等方面呈现多元化、非主流的特点，在交织中碰撞，在传递中发酵，舆论热点发生的频率大大增加，已对我们的舆论生态造成很大干扰和伤害。三是互联网管理与形势不相适应的矛盾日益凸现。网上即时通交互工具的广泛应用及各种新技术不断涌现，也使得"传播高效控制低效"的矛盾凸现，使我们面临得新问题新挑战层出不穷。因此，如何有效地利用现有的信息网络平台，充分发挥网络信息平台"千里眼，顺风耳"的积极作用，合理利用互联网中的海量信息资源，为建设和谐社会提供科学的决策参考，是我国各级决策机关所面临的重大挑战。

近年来，我国各级政府在利用互联网信息资源实现社会协调与管理方面取得了不少进步。但必须看到，目前互联网信息内容资源的管理、监测和引导工作相当大的程度上还依赖于简单技术同人力相结合的方式，以及"人海战术"来完成对互联网海量信息的获取和分析。其结果是工作强度大，时效性较差，效果不明显。因此，必须清醒地认识到解决信息化、网络化浪潮带来的问题，只有通过信息化、网络化的技术手段及先进的管理机制实现。

9.1.2 舆情系统的发展趋势

网络舆情预警监测系统主要完成互联网海量信息资源的综合分析，提取支持政府部门决策所需的有效信息。目前，国内外政府职能部门与研究机构，尤其是西方发达国家，针对该类系统应用与技术研发投入了相当的资源，使该类系统与技术得到了全面发展。各国对于通过互联网捕获与掌握各类政治、军事、文化信息，都从战略角度予以高度重视。以美国为例，为提高政府对信息的掌控能力，任命了约翰·内格罗蓬特为首任国家情报局长，重点解决多渠道信息的融合和统一表达，提高信息控制能力。新加坡、法国等西方国家也都建立了类似的对公开信息资源进行融合、分析与表达的系统，作为其政府的决策依据。

美国遭受"9·11"恐怖袭击后，国会即提议设立内阁级国家情报局，美国还加强了情报机构的建设。美国防部下属的情报和安全司令部已经拟订计划，建立一个可以提供各种信息的、世界上最大的全球情报信息资料库。该资料库将记录人们日常生活中的每一个细节，以供美情报部门今后调用。美国军方希望其能成为一个巨大的电子档案馆。通过搜集并保存世界所有的信息资料库的资料（如各国航空公司预订机票名单、超市收款机存根、手机通话清单、公共电话记录、学校花名册、报纸文章、汽车在高速公路上的行车路线、医生处方、私人交易或工作情况等），使电子档案馆成为"情报全面识别系统"。对于这样一个包罗万象的信息资料库，美国军方明确其信息来源主要是通过互联网、报纸、电视、广播及各国政府和民间机构的信息网络采集。经过筛选和汇集的信息，在融合的基础上供专业分析人员随时调用。该系统可以帮助情报人员通过关键谈话、有关危险地区的情报、电子邮件、在互联网上寻找后追踪有关炭疽的资料等可疑的"交易"痕迹，并在恐怖分子发动攻击前就可以提供预警信息，抓获罪犯。为了能够将这项庞大的情报搜集计划尽快付诸实施，美国防部组建了专门机构："情报识别办公室"。美国国防部副部长皮特·奥尔德里奇表示："此系统建成后，只要接通计算机，随时都可以全面了解到各种交易、护照、汽车驾驶执照、信用卡、机票、租赁汽车、购买武器或化学产品、逮捕通缉令和犯罪活动等信息，这对美国安全来说简直太重要了。" 20 世纪 90 年代以来，美中央情报局一直在采取各种手段和措施，通过发展各种网络侦察技术，改进其情报的搜集和处理能力。2004 年 11 月 18 日，美国联邦上诉法院做出裁决，允许司法部在追踪恐怖分子和间谍嫌疑对象时，有权使用包括互联网邮件检测和电话窃听在内的情报搜集手段。为了获取犯罪分子内部的网络通信线索，美国联邦调查局曾向包括美国在线、Excite@Home 在内的几大互联网服务商发去指令，要求他们在互联网服务器上安装窃听软件，把截取的电子邮件作为情报来源。美中央情报局也早已制定了内容广泛的互联网情报搜集计划。它主要包括两个方面：一方面是尽早进入全世界各公司、银行和政府机构等的电脑系统进行信息收集；另一方面是尽早开发出能使便于遍布世界各地情报分析人员进行交流、传输信息的计算机网络。

英国、法国、日本、新加坡等国也都在开发基于互联网的情报分析和预警系统。种种迹象表面，随着互联网对社会、经济等领域影响的不断扩大和和深化，将互联网视为最大的公开信息资源，实现网络情报的提取和知识的挖掘，已经成为各国安全和稳定重要手段之一。

我国政府同样高度重视互联网信息资源的合理开发和利用，尤其对涉及国家安全与社会稳定的信息捕获和分析技术的研究与开发。《国民经济和社会信息化重点专项规划》与《关于我国电子政务建设的指导意见》中明确指出，对于互联网信息资源库的开发和利用是今后一个时期内我国文化与信息化建设方面的重要内容。这表明在互联网信息资源开发和利用的竞争中，我国已迈出具有重要战略意义的一步。

总体而言，该领域的技术发展趋势可归纳为以下几个方面。

（1）针对信息源的深入信息采集

在各类互联网信息提取分析系统或技术中，核心技术必然包括对互联网公开信息资源的广泛采集与提取。以常见的 Hotbot、百度等搜索引擎为例，其核心的技术路线是以若干核心信息源为起点，通过大量的信息提取"机器人"（Agent 或 Spider）完成对信息的广泛提取。虽然各个搜索引擎的具体实现不尽相同，但一般包含 5 个基本部分：Robot、分析器、索引器、检索器和用户接口。其基本工作原理如图 9-1 所示。

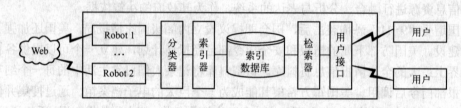

图 9-1　搜索引擎的基本工作原理图

传统搜索引擎中的 Robot，一般采用广度优先的策略来遍历 Web 并下载文档。系统中维护一个超链队列（或者堆栈）包含一些起始 URL。Robot 从这些 URL 出发，下载相应的页面，把抽取到的新超链加入到队列（或者堆栈）中。上述过程不断递归重复，直到队列（或者堆栈）为空。为了提高效率，常用的搜索引擎中都可能会有多个 Robot 进程/线程同时遍历不同的 Web 子空间。对采集到的信息，使用分析器进行索引。对中文信息而言，通常使用基于分词的技术路线进行分析。

索引器、检索器和用户接口被用来在传统搜索引擎中实现更加用户友好化的索引和检索。

而以 Hotbot、百度等为代表的搜索引擎技术，即俗称"大搜索"的技术，并不能完全满足本项目中网络舆情预警监测系统的需求。具体而言，"大搜索"技术主要不足体现在对于互联网定点信息源信息的提取率（一般定义为指定时刻提取信息比特数/信息源信息总比特数）过低。究其原因，主要有两点。一是，在"大搜索"引擎中，Robot 需要同时完成广度优先和深度优先的互联网信息提取。而事实上，同时满足广度优先和深度优先设计的 Robot 在性能与可靠度方面均存在一定的缺陷。由于此类 Robot 带来了巨大的网络与服务器性能负荷，大量的 Web 服务器对于简单、机械的 Robot 行为施行了很大的限制。二是，目前大多数 Robot 并不能够访问基于框架（Frame）的 Web 页面、需要访问权限的 Web 页面，以及动态生成的 Web 页面（本身并不存在于 Web 服务器上，而是由服务器根据用户提交的 HTML 表单生成的页面）。如"大搜索"搜索引擎对于网站论坛类信息提取的严重不足。

在类似网络舆情预警监测系统的信息采集中，重点需要解决的是定点信息源信息的深入和全面采集问题。国内外的研究人员已展开了定点信息源的深入挖掘技术的研究和开发。"企业级"搜索引擎、"个性化"搜索引擎等代表了该领域目前重要的发展趋势。

（2）异构信息的融合分析

互联网信息的一大特征就是高度的异构化。所谓异构化，指的是互联网信息在编码、数据格式及结构组成方面都存在巨大的差异。而对于海量信息分析与提取的重要前提，就是对不同结构的信息可以在统一表达或标准的前提下进行有机的整合，并得出有价值的综合分析结果。

对于异构信息的融合分析，目前比较流行的方式可以分为两类。

一是通过采取通用的具有高度扩展性的数据格式进行资源的整合。其中，具有代表性的技术是 XML——Extensible Markup Language。XML 具有结构简单、易于理解的特点，是目前国际上广泛使用的对于异构信息融合分析的重要工具。它可以很方便地将内容从异构文本信息中分离出来，XML 标记的文档可以使用户更方便地提取和使用自己想用的内容，并使用自己喜欢的表达格式。XML 为异构信息的融合分析提供了基础。通过 XML 可以使内容脱离格式，成为只和上下文相关的数据，以便于内容的检索、合并或者利用。研究人员在 XML 基础上定义的宏数据（Metadata）进一步提高了异构信息融合分析的准确度和效率。宏数据是关于数据的数据，是以计算机系统能够使用与处理的格式存在的、与内容相关的数据，是对内容的一种描述方式。通过这种方式，可以表示内容的属性与结构信息。宏数据分为描述宏数据、语义宏数据、控制宏数据和结构宏数据。在内容管理中，通常是宏数据越复杂，内容提升价值的潜力就越大。一般而言，宏数据模型的产生，需要一个面向客户内容管理的通用数据模型，以适应客户不断变化的需求，达到提升信息价值的目的。宏数据一旦从原始内容中提取出来，就可以把它与原始的内容分开，单独对它进行处理，从而大大简化了对内容的操作过程，实现异构信息的融合分析。另外，语义宏数据与结构宏数据还可用于内容的检索和挖掘。类似的技术还包括 UDDI、UML 等。

二是采取基于语义等应用层上层信息的抽象融合分析。这一类技术的代表是 RDF。XML所存在的问题是因为 XML 不具备语义描述能力，所以在真正处理对于内容融合要求比较高的信息时，难免力不从心。为此，W3C 推荐了 RDF（Resource Description Framework）标准来解决 XML 的语义局限。

RDF 提出了一个简单的模型用来表示任意类型的数据。这个数据类型由节点和节点之间带有标记的连接弧所组成。节点用来表示 Web 上的资源，弧用来表示这些资源的属性。因此，这个数据模型可以方便地描述对象（或者资源）及它们之间关系。RDF 的数据模型实质上是一种二元关系的表达，由于任何复杂的关系都可以分解为多个简单的二元关系，因此 RDF 的数据模型可以成为其他任何复杂关系模型的基础模型。

在实际应用中，RDF 通常与 XML 互为补充。首先，RDF 希望以一种标准化，互操作的方式来规范 XML 的语义。XML 文档可以通过简单的方式实现对 RDF 的引用。通过在 XML中引用 RDF，可以将 XML 的解析过程与解释过程相结合。也就是说，RDF 可以帮助解析器在阅读 XML 的同时，获得 XML 所要表达的主题和对象，并可以根据它们的关系进行推理，从而做出基于语义的判断。XML 的使用可以提高 Web 数据基于关键词检索的精度，而 RDF与 XML 的结合则可以将 Web 数据基于关键词的检索更容易地推进到基于对象的检索。其次，由于 RDF 是以一种建模的方式来描述数据语义的，这使得 RDF 可以不受具体语法表示的限制。但是 RDF 仍然需要一种合适的语法格式来实现 RDF 在 Web 上的应用。考虑到 XML 的广泛采纳和应用，可以认为 RDF 是 XML 的良伴，而不只是对某个特定类型数据的规范表示。XML 和 RDF 的结合，不仅可以实现数据基于语义的描述，也充分发挥了 XML 与 RDF 的各自优点，便于 Web 数据的检索和相关知识的发现。

（3）非结构信息的结构化表达

与传统的信息分析系统处理对象不同，针对互联网信息分析处理的大量对象是非结构化信息。对于阅读者而言，非结构化信息的特点比较容易理解，然而对于计算机信息系统处理却相当困难。对于结构化数据，长期以来通过统计学家、人工智能专家和计算机系统专家的共同努力，有相当优秀的技术与系统成果可以提供相当准确而有效的分析。

对于从非结构化信息得到结构化信息，传统意义上我们将其归结为典型的文本中的信息提取问题。这是近年来自然语言信息处理领域里发展最快的技术之一。随着网络的发展，网络中盛行的有异于现实社会的网络语言为该类技术提出了新的挑战。一般而言，文本信息提取是要在更多的自然语言处理技术支持下，把需要的信息从文本中提取出来，再用某种结构化的形式组织起来，提供给用户（人或计算机系统）使用。信息提取技术一般被分解为 5 个层次：第一是专有名词（Named Entity），主要是人名、地名、机构名、货币等名词性条目，以及日期、时间、数字、邮件地址等信息的识别和分类；第二是模板要素（Template Element），是指应用模板的方法搜索和识别名词性条目的相关信息，这时要处理的通常是一元关系。第三是模板关系（Template Relation），是指应用模板的方法搜索和识别专有名词与专有名词之间的关系，此时处理的通常是二元关系。第四是同指关系（Co-reference），要解决文本中的代词指称问题。第五是脚本模板（Scenario Template），是根据应用目标定义任务框架，用于特定领域的信息识别和组织。自然语言处理研究是信息提取技术的基础。在现有的自然语言处理技术中，从词汇分析、浅层句法分析、语义分析，到同指分析、概念结构、语用过滤，都可以应用在信息提取系统中。比如对专有名词的提取多采用词汇分析和浅层句法分析技术；识别句型（如 SVO）或条目之间的关系需要语义分析和同指分析；概念分析和语用过滤可以用来处理事件框架内部有关信息的关联和整合。随着传统的信息提取技术向基于网络的文本信息提取转化，基于贝叶斯概率论和香农信息论的信息提取技术逐步成为重要的主流技术。这一流派的技术主要根据单词或词语的使用和出现频率来识别不同文本在上下文环境中自己产生的模式。通过判断一条非结构化信息中的一种模式优于另一种模式，可使计算机了解一篇文档与某个主题的相关度，并可通过量化的方式表示出来。通过这种方法，可以实现对于文档中文本要素的提取、文本的概念自动识别，以及对该文本相应的自动操作。目前，该技术发展的最新趋势是对于文本的信息提取，已经形成从数据集成、应用集成到知识集成的从低到高的 3 个不同层面。知识集成实现将组织已建立的非结构化数据库，使用先进的信息采集、信息分类和信息聚类算法，通过系统自身对信息的理解，将信息依照用户的需求，充分有效地集成为整体。

综上所述，完成非结构信息的结构化表达是针对互联网信息分析系统的重要发展趋势，并且已经取得了一定的技术成果。

目前国内外针对互联网信息资源管理与控制系统、技术的研究取得了一定的成果。其核心是根据互联网信息的特点，结合目前现有相对成熟的技术，从信息的采集、融合和表达等若干重要环节进行突破，最终达到系统设计的辅助决策功能。

9.1.3 舆情系统的应用

互联网舆情预警与监测工作在推进我国社会主义民主，贯彻科学发展观的进程中起着举足轻重的作用。众所周知，在和谐社会的建设过程中，政府与群众间必须建立有效而可靠的信息交互机制，在让群众充分了解政府方针政策的同时，政府也必须深入了解群众的思想动态。通过信息化手段，对互联网呈现的舆情进行全面、准确和及时的监测与预警，既是建设和谐社会的重要保障，也是信息时代政府提高执政能力的有效途径。因此，在互联网全面渗透人民生活各个环节的关键时机，及时启动网络舆情监测与预警系统的建设，具有相当的迫切性和必要性。

根据 CNNIC 的统计数据，我国大众社会对网络的使用和依赖正在不断接近西方发达国家水平。今日中国，民众通过网络了解国家与社会，积极参政议政已成为信息时代网上舆论传播和疏导的一大特征。例如，如何对网上舆论进行有效地监督和疏导是我国推进现代化建设，营造和谐社会的重要课题；如何利用网络信息平台实现对社会有效管理和协调已是衡量政府"执政能力"的尺度；而如何充分利用互联网资源和平台说明中国海、维护中国；如何充分利用好信息化的手段解决信息化发展中的问题已到了刻不容缓的地步。

由于众所周知的原因，我国现行的互联网管理策略对网络舆情的采集和分析工作带来了巨大的困难。其主要表现为针对互联网媒体的信息采集相当不全面；在国际网络媒体上说明中国的传播能力严重不足。因此建设完整的网络舆情预警监测系统，将为网络舆情监测、分析、研判、疏导工作提供一个强大的技术支持，进而形成人机相结合的专家研判体系。这将使我国在互联网舆论的监测与引导方面的能力得到显著增强。

9.2 舆情系统的功能分解

9.2.1 技术发展背景

根据网络舆情监测预警系统的实际需求和目前国内外技术发展的现状，建议从网络媒体信息提取、网络媒体内容聚合分析以及网络媒体内容综合表达等几个方面进行核心技术攻关。事实上，这些技术也是互联网中信息资源开发与利用中的重要核心技术。这些技术的攻克与应用可初步实现针对互联网海量信息的综合分析，实现网络发展与管理的决策支持。目前，国内外政府职能机构与研究部门，尤其是西方发达国家，针对相关的网络技术投入了很多资源，推动了该类系统与技术的全面发展。以下为国内外相关技术发展的主要现状：

1. 高仿真网络信息（论坛、聊天室）深度提取技术

在各类针对互联网信息提取分析系统与技术中，核心技术必然包括对互联网公开信息资源的广泛采集与提取。以我们常见的 Google、Hotbot、百度等搜索引擎为例，其核心的技术路线是以若干核心信息源为起点，通过大量的信息提取"机器人"完成对信息的广泛提取。事实上，通过以信息提取"机器人"为核心技术的互联网信息提取是互联网的重要研究领域之一。关于信息提取（IR，Information Retrieval）的效率和准确度一直是互联网中的主要研究课题。该技术在国内外都得到了广泛的研究。而值得注意的是，随着互联网信息的几何级数增长，以及各界对于互联网信息资源开发与利用的要求不断强化，信息提取已经与信息搜索和信息资源定位形成了紧密的联系。这也是目前信息提取技术的主要发展方向。根据目前互联网信息提取研究领域的一般共识，对于互联网信息的大规模和自动化提取，其主要目的是为了进一步的信息资源定位以及资源的开发与利用。因此，研究人员对如何使信息提取与信息定位更好地结合倾注了更多的精力。典

型的研究成果，均表述了如何将网络资源通过各种标识方法进行标注，以提高信息提取与信息定位之间的关联性。从根本上说，这样的技术手段将从查询效率和查询关联度方面提高当今信息提取技术的精度和准确度。类似的技术还包括基于 UDDI 的资源统一定位、UML 与语义网（Semantic Web）技术。

网络舆情监测预警的主要目的是对互联网中的各类重点、难点、疑点和热点舆情，进行及时、有效的监测和应对。因此，在针对互联网的信息提取中，对于动态、实时、分布式发布信息的准确与深度采集有很高的要求。而这正是目前针对普通网络媒体的信息采集技术的严重欠缺之处。具体而言，目前一般的网络媒体信息采集技术有两点不能满足网络舆情监测预警基础设施与关键应用的技术需要。

首先是针对定点信息源的全面和深入采集。现有的互联网信息采集技术的代表性产品是搜索引擎。而事实上，目前的搜索引擎在信息提全率方面的表现差强人意。根据清华大学 IT 可用性实验室搜索引擎评估报告（2004 年），Google 与百度具有对互联网较好的覆盖率，然而即使是这两家搜索引擎在定点信息源的覆盖度和信息提取提全率方面仍然存在明显不足。

更加重要的是，随着互联网信息发布技术的不断发展，尤其是分布式信息发布、动态信息发布和个性化信息发布技术的不断成熟与应用，传统的信息提取技术面临着越来越尴尬的局面。传统的信息提取技术更多地依赖于简单的网络爬虫和网络信息提取代理来完成信息提取，其设计原理通常是根据网络中基本的 HTTP 1.0 协议和最为常用的 HTML 语言。而随着网络信息发布技术的发展，HTTP 1.0 已经被 HTTP 1.1 逐步取代，简单的 HTML 也正在被更加具有灵活性的各类脚本语言和更加具有通用性的 XML 语言取代。因此，一般的信息提取技术今天更加不能实现较高的信息提全率。

这里要重点指出的是两种信息发布技术给互联网信息提取带来的挑战。一是 BBS 与 BLOG 等具有高度动态性和分布性的网络媒体。对于该类媒体，由于具有较高的动态性，因此对定点信息采集在准确性和实时性方面具有很高的要求。与此同时，大量的 BBS 需要在信息采集过程中始终保持一定的身份认证与识别，因此这也对简单的信息采集技术提出了更高的要求。二是基于内容协商（Content Negotiation）的个性化网络媒体。在 HTTP 1.1 中，为实现更好的个性化网络媒体发布技术，采纳了内容协商机制。在内容协商的机制下，网络媒体发布的内容和形式可以根据信息提取者不同的身份和设置产生不同的组合。因此，简单的信息提取技术此时将只能获取部分简单的信息，而无法将完整的信息提取。更严重的是，随着内容协商技术的不断成熟与应用，网络媒体运营商拥有更多手段应付可能出现的内容监测，使得自身的信息发布更加隐蔽和复杂。

综上所述，在针对网络舆情监测预警系统的信息采集中，重点需要解决的是针对定点信息源的深入与全面的信息采集，尤其是在内容协商机制下对于 BBS 等动态信息的定点深入提取。因此，研究和模拟人机交互技术，实现对于操作人浏览网络媒体行为的全面高仿真的高仿真网络信息（论坛、聊天室）深度提取技术，是网络舆情监测预警系统成功建设的基础核心技术。

2. 基于语义的海量媒体内容特征快速提取与分类技术

互联网信息的一大特征就是高度的异构化和非结构化。而对于海量信息分析与提取的重要前提就是对不同结构的信息可以在统一表达或标准的前提下进行有机的整合，并得出有价值的综合分析结果。

所谓非结构化，指的是当今互联网中存在的大量信息资源是以不同于普通数据的非结构、离散、多态面貌出现的。对于结构化数据，长期以来通过统计学家、人工智能专家和计算机系统专家的共同努力，有优秀的技术与系统成果可以提供相当准确而有效的分析。因此，完成非结构信息的结构化表达是针对互联网信息分析系统的重要发展趋势。

对于异构和非结构化信息的融合分析，目前比较流行的方式可以分为两类。一是通过采取通用的具有高度扩展性的数据格式进行资源整合。该类技术的主要思想是通过统一的资源表达方式，为网络中的信息资源进行统一标识。在这样的技术路线中，信息资源的母体具有多变性，其呈现方式也可能千差万别。但在需要的时刻仍然可以通过对于资源统一特征的调度实现资源的统一利用。在这个方向，具有代表性的技术包括 UDDI、XML 等。二是采取基于语义等应用层上层信息的抽象融合分析。事实上，对于互联网中已经存在并在日益膨胀的信息资源库而言，对其完成统一标识改造是缺乏操作性的。更重要的是，由于互联网本身的分布式特征，使得语义层的统一标准更加难以推进。为在现有技术的基础上完成对互联网资源的使用，研究人员提出了一种新的技术路线，即通过语义等应用层上层信息的抽象融合，完成对于互联网信息资源的统一利用。在这些研究成果中，研究人员阐述了如何通过语义层的技术，将互联网中的非结构化信息库向结构化信息库转变的技术。其研究成果具有创新性和实用性。

然而，对现有国内外针对海量互联网信息资源结构化分析与分类的技术做进一步分析，我们不难发现，现有技术仍然存在明显的缺陷，与网络舆情监测预警核心基础设施与典型应用的要求仍然存在着差距。首先，现有的技术一般都是针对英文等拼音文字的信息资源进行语义分析和资源归并的。我们知道，中文是不同于一般拼音语言的字符语言。两者之间最大的差别在于前者文章组织基本单位为"词"，而后者的文章组织基本单位为"字"。因此，对于拼音文字的研究成果并不能直接应用于中文网络媒体信息资源的处理中。尽管目前有中文分词等技术可以完成将中文文本结构向词单位文本的转化，但无论在准确度还是效率方面都无法满足网络舆情监测预警系统的需要。其次，从现有的研究成果中我们可以发现，其研究与测试的对象通常是具有一定篇幅的、组织结构较为完善的信息对象。事实上，在我国网络舆情监测预警基础设施与典型应用中将需要处理大量一定缺陷或非完整的网络媒体对象。因此，现有的技术成果并不能直接应用于我国网络舆情监测预警基础设施与典型应用的建设。

为确保互联网中海量的非结构化、异构化和多样的信息资源，必须研究自主知识产权的基于语义的海量媒体内容特征快速提取与分类技术，才能在信息采集系统的基础上实现进一步的信息特征提取和结构化转变功能，为进一步实现舆情的分析、监测与预警完成必需的信息转化。

3. 非结构信息自组织聚合表达技术

对于互联网中大量的以非结构化存在的信息资源，一方面我们需要完成基于语义的结构化转化；另一方面，为满足网络舆情监测预警基础设施与典型应用的实际需求，我们还必须实现非结构信息的自组织聚合表达技术。事实上，对于文本信息的聚合分析与表达长期以来一直是人工智能（AI）和机器学习（Machine Learning）领域中的热点课题。在这些研究成果中，研究人员重点探讨了如何使用聚类（Clustering）技术从非结构信息中完成主题提取和主题表达。聚类技术是数据挖掘（Data Mining）中重要的技术手段之一，其主要的理论基础是在未设定主题的情况下，通过统计分析的手段，在聚类模型（流行的模型包括贝叶斯模型等）的基础上，完成信息库中的知识发现。将聚类技术应用于文本信息中，就是我们目前经常说的文本挖掘（Text Mining）核心技术之一。在国内外研究人员的努力下，通过文本挖掘的方式实现对于互联网信息库的主题挖掘已经取得了一定的进展。

当然，目前在文本挖掘领域使用的聚类分析技术主要是针对英文等拼音文字的。而对于以"字"为单位的中文文本信息，还没有比较成熟的聚类分析技术。更重要的是，对于网络舆情监测预警主要的处理对象——互联网信息库，由于其形态的多样性和可能存在的数据缺陷等，一般的文本聚类分析技术并不一定能取得预想效果。

网络舆情监测与预警系统的建设目标是针对国家网络舆情管理职能部门的互联网信息内容安全管理业务需求，建设与完善一套技术先进、性能稳定的互联网舆情监测与预警系统。网络舆情监测与预警的业务具有数据量大，实时要求高等特点，因此在建设中必须充分考虑整个系统的网络建设能级，其中尤其要关注的是系统专用网络带宽。同时，考虑到网络舆情工作的特殊性，在实际的建设中应当采用开放的体系结构，在设计与实现大量信息采集、信息分类、信息表达等智能子系统的同时，为未来的新应用程序预留足够空间。

网络舆情监测与预警系统根据功能可以分成两块，如图9-2所示。

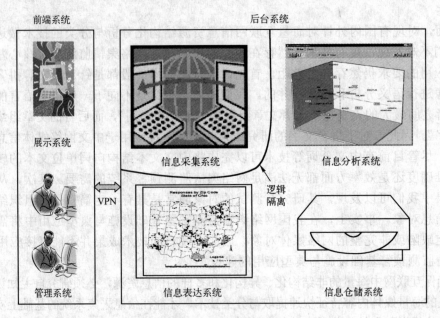

图9-2　舆情系统功能

从功能上，可以将整个网络舆情监测与预警系统划分为前端系统和后台系统。其中，前端系统主要完成展示和管理，而具体牵涉到信息的采集、分析、表达和仓储的后台系统从逻辑上与前端系统完全隔离。在后台系统中，将与互联网直接连接的信息采集系统与其他3个子系统通过单向传输的逻辑隔离设备进行逻辑隔离，确保整个系统的安全性。

网络舆情监测预警系统的基本逻辑功能框图如图9-3所示。

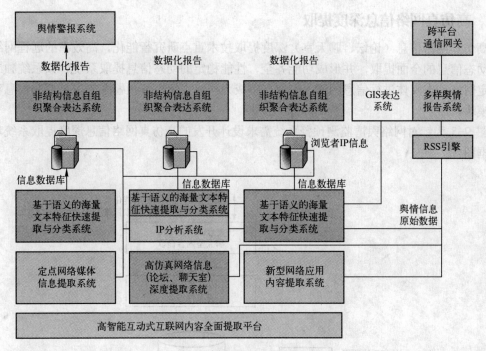

图 9-3　舆情系统逻辑功能框图

网络舆情监测与预警系统的工作流程以初始的定点网络媒体列表为起点,通过信息采集、信息仓储、信息融合分析和信息表达等若干核心功能模块,最终产生支撑国家网络舆情监测与预警工作的重要支撑数据。在系统运作过程中,随着信息融合分析成果的不断更新,需要不断对网络媒体列表进行调整、完善。

目前,结合我国实际网络舆情监测与引导工作,根据我国网络舆情监测预警基础设施与实际系统的需要,应当根据"重点突破,兼顾全局"的原则,主要解决针对高仿真网络信息深度提取、基于语义的海量媒体内容特征快速提取与分类,以及非结构信息自组织聚合表达的技术难点;获得自主知识产权的突破性成果,初步形成相应的功能模型,并试点应用于网络舆情监测预警基础设施与应用系统的建设,从而在根本上提升我国在网络舆情监测及预警工作中的技术保障能力。

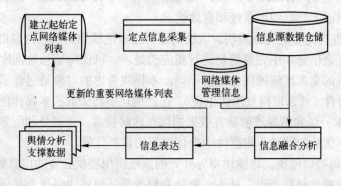

图 9-4　舆情信息深入分析

9.2.2 高仿真网络信息深度提取

高仿真网络信息（论坛、聊天室）深度提取技术重点研究智能化，高效率的远程网络互动式动态信息的全面提取，并形成功能齐全、性能稳定的动态信息提取系统。该系统独立地对指定网络动态媒体进行信息的深入提取，将成为网络舆情监测预警系统中重要的信息获取功能模块。

图 9-5 为针对网络舆情监测预警系统需求设计开发的高仿真网络信息深度提取系统功能示意框图。

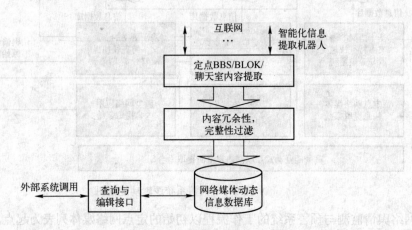

图 9-5　高仿真网络信息深度提取

整个系统可以分为定点 BBS/BLOG/聊天室内容提取模块、内容冗余性与完整性过滤模块，以及查询与编辑接口模块。各功能模块说明如下：

1）BBS/BLOG/聊天室内容提取模块。该模块的主要功能是对用户指定的一个或多个信息源进行遍历式的信息获取。通过用户指定的入口页（Entry Page）或系统猜测入口页，该模块以多线程方式使用智能化信息提取机器人，模拟客户/服务器通信及模拟人机交互；在语义分析的基础上，以递归调用的方式完成快速、彻底的远程数据本地镜像。需要指出的是，本模块充分考虑了目前互联网中使用的 HTTP 1.0/1.1 协议，尤其是与内容协商（Content Negotiation），访问控制（Access Control）和数据缓存（Web Catching）的相关规定，在提高数据获取的同时保证了数据的可靠性和有效性。

2）内容冗余性与完整性过滤模块。该模块是对在本地镜像的网站内容进行高效、准确理解的基础上，对冗余信息和不完整信息进行相应的处理，以保障信息数据库中内容的准确性和有效性。与传统的文本理解或图像理解不同，本模块考虑的对象是包含了文字、图像和其他内容的多媒体群件（通常以网页形式出现）。在此模块中将采取的多媒体群件理解技术是结合了国家 863 文本分级和图像理解研究成果的综合理解技术，在充分利用多媒体群件理解中环境信息量大这一优势的同时，将群件中个体理解的误差降低。

3）查询与编辑接口模块。该模块将为外界的系统调用提供必要的信息数据库操作接口。常见的信息数据库操作包括查询、插入、删除和修改等。该模块将作为高仿真网络信息深度提取系统和外界系统的标准信令与数据交互接口。

9.2.3 高性能信息自动提取机器人技术

高性能信息自动提取机器人是高仿真网络信息（如论坛、聊天室）深度提取系统的基础模块，其主要功能是根据用户或系统定义，将指定动态/个性化网络媒体中的内容快速、准确地在本地镜像，是系统正常工作的基础。其核心要求是对动态/个性化的网络内容快速、准确、全面地建立本地镜像，主要难点是对客户机/服务器通信的模拟，内容语义的正确分析和高性能系统。

1. 个性化可配置的信息自动提取技术

随着 HTTP 1.1 的广泛采用，内容协商已经成为互联网信息传递中常见的技术。客户浏览器向网站提供客户的偏好，例如内容的语言、编码方式、质量参数等。网站根据实际情况，尽可能满足客户需求。一般的信息自动提取技术，如 Wget、Pavuk、Teleport 等，大多没有很好地考虑这一问题，因此不能保证提取的内容与实际客户浏览器取回的版本相一致，当然以后的理解和分类也就没有实际意义。

个性化可配置是指信息提取机器人可以根据用户或系统提供的个性化信息，完成与网站之间的内容协商，将合适的内容取到本地。在本系统中将使用的信息提取技术，充分考虑到了内容协商机制，在机器人的信息提取过程中通过 HTTP 1.1 相关原语的交互（如 VARY），实现对内容协商机制的完全模拟，保障本地镜像内容的准确性。

2. 互动式信息的智能提取技术

在网站中，客户机/服务器之间的交互除了由内容协商完成，还有一类是通过人机对话的方式。以 BBS 为例，用户通过一次登录（即使是匿名登录），与服务器之间完成一次通信，获得身份验证信息（通常是以 Cookie 等形式）。在以后的交互中，双方凭借此信息作为身份的识别，目前，一般的信息提取技术并不能够实现这一功能。

在网络舆情监测与预警系统建设中，为了完成对指定网站内容的充分挖掘，在内容协商的基础上，提供智能化的人机交互模拟模块。基于 HTTP 返回码，对于需要获取身份验证信息才可以浏览内容，根据用户或系统的配置，模拟用户与服务器之间进行对话，将此类内容取回，保障内容挖掘的充分性。

3. 网页编写语言的实时语义理解技术

网站内容编写技术发展迅速，从早期的静态 HTML 和普通文本图像内容，已经发展到今天各种动态语言和包括图像、视频、音频、动画、虚拟现实（VR）多种多媒体个体的群件。这给网站自动信息下载带来了新的挑战。与传统的标记型语言（Markup Language）不同，以 Script 为代表的网页编写技术更多的结合了一般程序编写的技术，利用浏览器作为编译运行的环境，达到内容动态的目的；而以 Flash 为代表的技术则是利用浏览器插件（Plug-In），将多媒体群件内容打包在一个对象中，利用插件完成对此对象的解释。因此，在网站自动信息提取中，必须要提供对这样两类技术的准确语义理解，才可以将其中的多媒体个体对象和相应链接对象完整取回。

在高仿真网络信息深度提取系统中，结合系统实用性需要，将在开发各种网页编写技术理解模块的同时，充分强调理解技术的高效性。对于 Script 类的语言，研究和开发出编译、分析和执行同步操作的技术，充分提高系统信息提取模块的效率和准确度。

4．多线程内容提取技术

相对多媒体群件理解和分类而言，远程内容提取是高仿真网络信息深度提取系统中时间和资源消耗最大的部分，因此从系统设计的角度计划采用多线程技术提高内容提取模块的性能。在网络舆情监测与预警系统中，根据用户和系统设置的入口页，内容提取模块在提取入口页以后对页面内容进行语义理解，将分析出的链接重新定义为入口页实现递归调用。由于单进程的递归调用效率低，在网站规模较大时耗时太大，因此在网络舆情监测与预警系统中将采用多线程的实现递归调用方式。此种实现将可以保证系统的高性能。

9.2.4 基于语义的海量文本特征快速提取与分类

基于语义的海量文本特征快速提取与分类技术重点研究针对网络文本媒体，特别是中文媒体的基于语义的特征快速提取，并在此基础上形成适合网络舆情预警监测系统需要的基于语义海量文本特征快速提取与分类系统。该系统将独立地对各个信息源采集入库的信息进行语义分析，特别将对信息中的语义特征进行统计和分类，完成对原始数据库的预处理，为进一步的信息聚合分析与表达提供相对标准化和正则化的信息库。该系统将成为网络舆情监测与预警系统中重要的信息分析功能模块。

图9-6为针对网络舆情监测与预警系统需求，设计开发的基于语义的海量文本特征快速提取与分类系统功能示意框图。

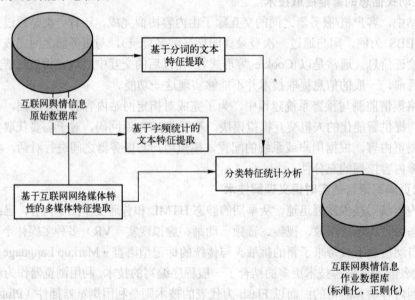

图9-6 基于语义的海量文本特征快速提取

整个系统可以分为基于分词的文本特征提取模块、基于字频统计的文本特征提取模块、基于互联网网络媒体特征的多媒体特征提取模块，以及分类特征统计与分析模块。

1．基于分词的文本特征提取模块

基于分词的文本特征提取模块主要将采用分词统计特征提取的技术路线。首先将对原始信息库中的信息进行全文分词，接着在分词的基础上进行一定的统计分析，综合分词与统计分析的结果将原始信息库中的信息进行特征提取。在实际系统应用中，将针对文本结构比较

合理，用词比较规范的网络媒体信息采用该模块进行文本特征提取。

2．基于字频统计的文本特征提取模块

基于字频统计的文本特征提取模块主要将采用字频统计特征提取的技术路线。不难发现，与分词统计相比，在字频统计中不需要经过分词的过程，系统整体性能将有显著提高。在字频统计中，首先对原始信息库中的信息进行全文字频统计，根据字频统计结构对原始信息进行摘要，并在此基础上实现对原始信息库中信息的特征提取。在实际系统应用中，将针对文本结构比较复杂，用词无明显规范的网络媒体信息采用该模块进行文本特征提取。

3．基于互联网网络媒体特征的多媒体特征提取模块

众所周知，互联网中的网络媒体有和一般传统媒体完全不同的结构和信息。由于网络舆情监测与预警系统处理的主要是互联网网络媒体信息，因此充分利用互联网网络媒体特征，实现对网络媒体信息的多媒体特征提取具有非常重要的意义。基于互联网网络媒体特征的多媒体特征提取模块就是对原始信息库中的多媒体信息（通常是含有文字和图片的网页信息），进行多媒体群件分析。在分析中充分利用互联网的网络媒体特征，包括模板文件中的解释信息、多媒体链接结构等，以实现对于多媒体信息的较为准确的分析。在整体系统中，基于互联网网络媒体特征的多媒体特征提取模块将主要完成对具有大量图片的多媒体信息源的特征提取。

4．分类特征统计与分析模块

分类特征统计与分析模块是针对前述 3 个模块采集的互联网信息库特征信息进行进一步的分类特征统计和分析。其主要功能是将 3 种不同技术路线得到的结论做进一步的融合和统一，以保证基于语义的海量文本特征快速提取与分类系统产生的互联网舆情信息作业信息库的标准化和正则化。

9.2.5　多媒体群件理解技术

在网络舆情监测与预警系统中的基于语义的海量文本特征快速提取与分类系统提出了对于网络媒体的主要呈现形式——多媒体群件的理解。多媒体群件理解主要解决对以网页形式出现的多媒体群件的整体理解。理解的方法是在对群件中的文本个体和图像个体的内容提取基础上，结合环境信息，对群件做出整体理解。

1．综合字词、标点和模式匹配的文本核心信息快速提取

对于文本的理解，一般的技术都是对关键字、词进行统计，对句式进行匹配等，在一般的文本理解环境中可以保证较好的效果。但在网络舆情监测与预警系统中，文本理解的对象和目的与传统的文本理解不同。在网络舆情监测与预警系统中的文本理解对象是网页中的文本信息。与传统的文本理解对象相比，这类文本通常较小，包含了比文本更多的信息（如 HTML 中的排版信息）；而文本理解的目的是为了进一步的分类，因此在网络舆情监测与预警系统建设中将采用的是结合基于字、词、标识符统计信息和预定模式匹配的理解技术，对文本的核心信息实现快速提取。

2．图像核心信息快速提取技术

在网络舆情监测与预警系统建设中采用的图像理解技术在对象和目的上也具有独特性。网页信息中的图像通常可以分为 3 类。第一类是指示性图标，一般尺寸小、信息含量小。第

二类是主题图案,一般尺寸大、信息为配合网页主题。第三类是装饰性图案,一般尺寸中等,与网页主题风格相关性高。而对它们的理解目的是为了下一步的分类,因此主要解决核心信息的快速提取问题。结合网站内容理解与分类的需要,在网络舆情监测与预警系统建设中必须要解决的是对第二类和第三类图像中核心信息的快速提取,尤其是对图像的文字信息进行基于模式匹配的快速提取。

3. 综合环境信息和相关媒体信息的多媒体群件理解技术

作为网络舆情预警监测系统的主要信息源,多媒体群件(网页)本身还含有相当丰富的环境信息,如 URL、网页结构和网页间链接信息等。合理利用这样一类信息,可以提高多媒体群件的准确度。综合环境信息和相关媒体信息的多媒体群件理解技术目前还没有切实可行的研究成果。在网络舆情监测与预警系统建设中可以采用神经网络的实现方法,选择 URL 信息、网页结构(媒体比重等)、网页间链接信息(如链接数或链接页属性等),以及群件内部文件个体的理解结果作为神经网络的特征空间(Feature Space),期望得到性能上的突破。

9.2.6 非结构信息自组织聚合表达

非结构信息自组织聚合表达重点研究的是针对海量非结构化信息库——互联网舆情信息作业信息库,实现无主题的聚合分析。根据国家网络舆情监测部门的舆情监测与预警业务需求,网络舆情预警系统最重要的功能是实现自动的、无人工干预的独立舆情报告。而实现该报告的核心步骤,就是通过非结构信息自组织聚合表达系统,对前述互联网海量非结构数据的结构化数据库进行有效的知识发现和数量化的趋势分析。

图 9-7 为针对网络舆情监测与预警系统需求,设计开发的非结构信息自组织聚合表达系统功能示意框图。

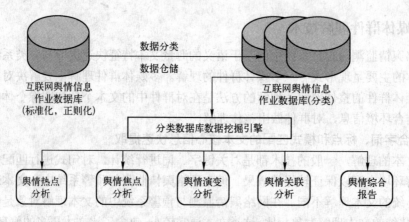

图 9-7 非结构信息自组织聚合表达

1. 数据分类模块

对于互联网舆情信息作业数据库,为做进一步的聚类分析和表达,首先需要对数据库做进一步的处理。其中数据库分类,即 Data Marting 是相当关键的一个步骤。数据库分类的主要目的是对海量数据库进行预处理,将数据按一定的特征进行较为粗体的划分,为进一步的查询和挖掘实现简单的聚类。在数据库分类中,采用的规则更多的是经验和常规规则,这也是数据分类模块和数据挖掘模块最大的区别。

2．数据仓储模块

事实上可以将网络舆情的监测与预警工作抽象为海量互联网信息库的挖掘和分析。根据一般的工作数据量分析，网络舆情监测与预警系统产生的数据库容量在 T 级。对如此规模的数据库进行进一步分析与挖掘的时候，时效性和系统效率是现实的考虑。通过数据仓储模块，将实现对于网络舆情工作数据库的仓储化改造，为提高进一步的查询和挖掘效率奠定基础。

3．分类数据库数据挖掘引擎模块

分类数据库数据挖掘引擎模块主要将实现的是该系统的核心功能——非结构信息的自组织聚合表达。事实上，在数据挖掘中主要使用的技术包括分类分析技术（Classification）和聚类分析技术（Clustering）。尽管两者都可以对数据库中潜在的知识与规律进行发现，但还是存在明显的区别。其中最重要的差别为是否存在先验的知识与规则。对于分类技术而言，是在先验知识的基础上对数据库中的记录进行进一步的归类，以确认先验知识的正确性。对于聚类技术而言，没有所谓的先验知识。而是根据数据本身的临近性和相似性进行归并。在网络舆情预警监测系统中，迫切需要的是对互联网中不断出现的新主题和新热点进行及时有效的反应。因此，在网络舆情监测与预警系统建设中的分类数据库数据挖掘引擎模块将着重于聚类技术的使用，重点完成对于海量信息库的无主题聚类分析，实现对于热点、焦点、难点、疑点等舆情信息的发现。

9.2.7　非结构信息数据挖掘技术

在网络舆情监测与预警系统中，最终需要的是自动的、无人工干预的网络舆情数据报告。因此，对于信息源——互联网非结构化海量信息库的数据挖掘是确保该功能得以实现的最重要保障。

1．网站内容分类空间标准选择

在整个网络舆情监测与预警系统中，需要对网络媒体信息进行相对准确的分类，以保障其后的信息聚类与分类分析的针对性和准确性。国内外的研究成果已经表明，在特定空间中（Special Domain）进行分类与聚类更容易获得令人满意的成果。因此分类空间的标准选择是分类技术的基础。分类空间的选择标准并没有一定的规律可寻，和数据仓储、数据挖掘中的特征选择相似，在分类算法中的标准选择在很大程度上需要客户化（Customization）。因此在网络舆情监测与预警系统建设中，对于网站内容分类空间标准选择，将提供一套对不同性质网站具有一般指导意义的标准选择方法，同时研究不同网站在内容分类空间标准选择的差异，并将成果及时反映在标准选择方法中。

2．多媒体信息聚类分析

在网络舆情监测与预警系统中，尽管也存在着一些先验的知识，例如长期关心的课题和长期热点的话题，然而更多的是具有突发性的、未知性的舆论热点与焦点话题。因此，在网络舆情监测与预警系统的建设中需要重点突破基于聚类方式的多媒体信息分析技术。通过将传统数据挖掘与文本挖掘中的聚类分析思想和网络舆情监测与预警系统的实际需求相结合，重点探讨在聚类分析中的特征空间选择及有趣主题挖掘（Interesting Rules），期望获得创新性的聚类分析方法和系统。

3. 多媒体群件分类分析

多媒体群件分类是在选定网站内容分类空间标准基础上，结合多媒体群件理解的结果，通过分类方式，将群件归属于一个或几个相关度最大的类中。在分类中，关键是定义相关度和确定聚类标准。在这一方面，网络舆情监测与预警系统的建设将参考在大型数据库中采用的数据分区（Data Marting）和数据仓储（Data Warehousing）技术，结合网络舆情监测与预警系统的需求，需要采用适合网络舆情监测预警的分类技术。着重考虑特殊分类（如热点、焦点或难点等）的划分和报警门限等问题。

9.3　互联网论坛信息分析

伴随互联网的迅速普及，各式各样、良莠不齐的发布内容日渐泛滥，传统、纯粹的"人海"战术已经无法满足当前互联网媒体信息监控工作的实际需求。不过基于互联网媒体发布内容主动获取、分析挖掘与表达呈现等系列技术开展互联网论坛监测工作，首先需要保证相关监测产品对于目标站点发布数据的提取比率，即监测产品信息提取部分的具体性能。根据当前网络监管部门对于互联网论坛监控工作的实际应用需求，成熟的互联网论坛监控产品必须具备针对指定信息源的深度挖掘技术。所谓深度挖掘，并不是业已成熟的追求数据引用量的大搜索引擎信息采集技术，而是利用定向搜索手段完成针对指定信息源深入、全面地发布内容提取操作。

从整体框架结构角度，目前互联网媒体可以划分成匿名可浏览与需登录浏览两类；从发布页面呈现风格角度，仍然属于 HTML 范畴的互联网论坛帖文发布页面同样包含静态和动态两类，其中动态生成的论坛帖文发布页一般使用 ASP、PHP 与 JSP 等通用脚本语言予以实现。虽然匿名可浏览同时发布页面属于静态类型的目标站点占到当前互联网媒体的绝对多数，但是出于功能全面性与产品实用性等多方考虑，面向结构迥异、风格多样的数据发布源实施互联网媒体信息监控工作，相关监控产品信息提取部分还需具备相当高的普适性与可扩展性。

关于获取信息分析挖掘与表达呈现方面，针对异构的互联网媒体发布内容，论坛信息监控工作在要求获取内容统一存储的同时，对于在海量的互联网媒体信息中实现热点自动发现的需求明确。一方面，异构信息归一化存储是后续各类信息处理工作的根本保证。另一方面，基于海量数据实现论坛热点自动发现，更有利于互联网媒体监控人员全面把握目标论坛舆情分布情况，跟踪目标论坛潜在热点，及时完成热点发现及应对决策生成工作。

互联网论坛信息监控系统充分应用网络协商与人机对话模拟等先进技术，基于专项研发的"定点网站深入挖掘"机制，实现针对系统目标站点发布内容的全面获取。在提取发帖作者、发帖时间、URL、标题等论坛帖文关键信息的基础上，监控系统对于每份帖子进行主题信息分析及内容快照，进而归一化存储来自异构站点的发布内容。监控系统针对获取内容关键信息开放单一和组合选项"与或"热点查询操作，最终呈现系统目标站点关于社会焦点更为全面的讨论分布情况与话题具体内容。另一方面，监控系统借助获取内容主题信息提取操作，开放热点数据报告定制功能，如图 9-8 和图 9-9 所示。

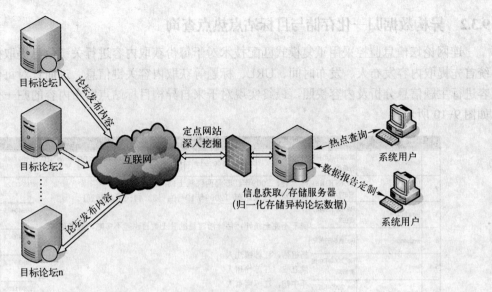

图 9-8　互联网论坛信息监控系统工作模式

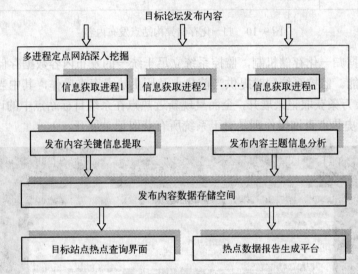

图 9-9　互联网论坛信息监控系统框架结构

9.3.1　面向互联网论坛的定点网站深入挖掘机制

作为互联网论坛信息监控系统核心技术之一，定点网站深入挖掘技术智能模拟互联网终端网页浏览行为与人机对话交互方式，全文遍历、选择获取系统目标站点入口网页所含超链接对应内容。监控系统根据目标论坛具体结构，采用同类分组、周期轮询的方式，多进程实现定点网站深入挖掘机制，最终完成针对可获取站点 87%左右的信息提全率。

监控系统统筹考虑目标论坛页面请求与周期轮询的间隔时延，在有效隐藏系统自身"网络机器人"式的信息获取行为、避免遭遇目标论坛封禁的基础上，实现对于中等讨论热烈程度目标论坛平均 15 分钟左右的信息提取时延。

9.3.2　异构数据归一化存储与目标站点热点查询

连网论坛信息监控采用重复模式匹配技术对于每份获取内容进行关键信息提取操作，系统首先提取内容发布人、发布时间、URL、标题等获取内容关键信息，进而针对每份获取内容进行主题信息分析及内容快照，最终实现对于来自异构目标站点发布内容的归一化存储，如图 9-10 所示。

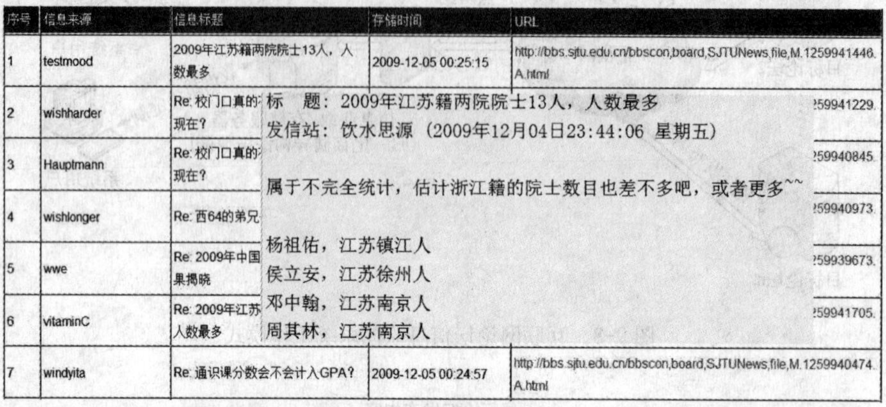

序号	信息来源	信息标题	存储时间	URL
1	testmood	2009年江苏籍两院院士13人，人数最多	2009-12-05 00:25:15	http://bbs.sjtu.edu.cn/bbscon,board,SJTUNews,file,M.1259941446.A.html
2	wishharder	Re:校门口真的现在？	标　题：2009年江苏籍两院院士13人，人数最多 发信站：饮水思源（2009年12月04日23:44:06 星期五） 属于不完全统计，估计浙江籍的院士数目也差不多吧，或者更多^^ 杨祖佑，江苏镇江人 侯立安，江苏徐州人 邓中翰，江苏南京人 周其林，江苏南京人		259941229.
3	Hauptmann	Re:校门口真的现在？			259940845.
4	wishlonger	Re:西64的弟兄			259940973.
5	wwe	Re:2009年中国果揭晓			259939673.
6	vitaminC	Re:2009年江苏人数最多			259941705.
7	windyita	Re:通识课分数会不会计入GPA？	2009-12-05 00:24:57	http://bbs.sjtu.edu.cn/bbscon,board,SJTUNews,file,M.1259940474.A.html

图 9-10　归一化存储异构站点发布内容

基于异构数据归一化存储机制，监控系统立足于统一的发布内容数据存储空间开放目标站点热点查询功能。监控系统同时提供当前热点及历史热点查询操作，其中当前热点查询是针对系统最近 15 万条获取记录展开，全面呈现新近热点在系统目标站点中的讨论情况，如图 9-11 所示。而历史热点查询操作则是对于系统所有获取记录展开。

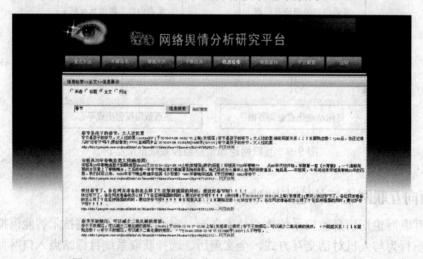

图 9-11　基于热点查询操作实现目标站点讨论结果呈现

9.3.3　监控目标热点自动发现功能

互联网论坛信息监控系统借助数据归一化存储过程中的获取内容信息提取操作，开放站点热点数据报告定制操作（见图 9-12），对应数据报告可以包含日报、周报和月报等 3 种不同类型。

互联网论坛热点数据专报

（第 90 期）　　　2005 年 12 月 21 日

一、网络论坛十大热点排序

序号	关键词群	代表性信息点标题	信息点数
1	人大 违宪 法规 程序 审查	全国人大明确违宪审查程序 个人可提请审查要求	42
2	政策 肠梗阻 部委 难题 何时	中央政策遭遇肠梗阻 如何破解？	
3	教育 国家 学习 程度 看望	洪ম辉获国人看望（图）	
4	不到 不幸 不要抱怨 医院 在中国	"谁叫你不幸生在中国" 惊世名言	
5	大陆架 东海 对手 日本 示弱	东方时事：作出让步的…	
6	农民 教育 农村	一个农民家庭应承担多少？	

图 9-12　监控目标热点数据报告定制功能

9.4　本章小结

在本章中，我们重点讨论了作为信息内容安全管理的重要应用系统——网络舆情监测与预警系统。该类系统服务于国家对于网络媒体信息内容管理，尤其是舆情监测与引导的需求，通过在信息获取、信息分析与知识发现，以及舆情预警等核心环节的技术突破，实现对于网络公开发布与传输信息的获取及舆情工作信息智能化发现，从而实现对于国家网络舆情工作的技术支持，进而实现对于和谐网络社会建设的基础支撑。

由于网络舆情监测与预警系统的复杂性与多样性，在本章中主要讨论了一般意义上的网络舆情监测与预警系统所必须解决的技术问题，从中不难发现讨论的信息内容安全技术体系如何在实际应用中应对与解决国家重大的信息安全管理需求。通过着重介绍上海交通大学信息内容安全管理团队研发的互联网论坛信息监控系统，为读者呈现了一个实际得到广泛应用的网络舆情监测与预警系统示例，期望可以让广大读者更深入和更具体地领会网络舆情监测与预警系统的含义。

9.5　习题

1．网络舆情监测与预警系统的核心功能主要包括哪几个方面？

2．为什么一般的大搜索技术无法完全满足网络舆情监测与预警系统的需求？

3．网络舆情监测与预警系统所需要的"智能化，无人工干预"的舆情分析主要利用了哪些典型的内容安全技术？

4．互联网论坛监控系统与一般的网络舆情监测与预警系统相比有何特殊性？

5．未来将影响网络舆情监测与预警系统的技术主要有哪些？

参 考 文 献

[1] Lawrence S. Accessibility of information on the Web[J]. NATURE, 1999. 400(107).

[2] Crawling the Hidden Web.Stanford Digital Libraries Technical Report[OL], RAGHAVAN S. 2000, http://ilpubs.stanford.edu:8090/725/.

[3] Zobel, J, A Moffat. Inverted files for text search engines[J]. ACM Computing Surveys (CSUR), 2006, 38(2).

[4] Brachman, RJ. JG Schmolze. An Overview of the KL-ONE Knowledge Representation System[J]. Cognitive Science, 1985, 9(2).

[5] LBoney, ATewfik, KHamdy. Digital watermarks for audio signal[C]. Proceeding of Multimedia'96, Piscataway, 1996.

[6] 白剑，杨榆，徐迎晖，钮心忻，杨义先.GSM 移动通信中的音频隐藏算[J]. 中山大学学报(自然科学版). 2004，43(S2):50-52.

[7] Guyon, I, S Gunn, M Nikravesh, etc. Feature Extraction: Foundations and Applications[J]. Studies in Fuzziness and Soft Computing, 2006, 778.

[8] Joachims, T. Learning to Classify Text Using Support Vector Machines: Methods, Theory and Algorithms[M]. Holland: Kluwer Academic Publishers, 2002.

[9] Letsche, TA, MW Berry. Large-scale information retrieval with latent semantic indexing[J]. Information Sciences, 1997, 100.

[10] Zhang, X, MW Berry, P Raghavan. Level search schemes for information filtering and retrieval[J]. Information Processing and Management, 2001, 37(2).

[11] Salton G, C Buckley. Term-weighting approaches in automatic text retrieval[J]. Information Processing and Management, 1988, 24(5).

[12] MG Carasso. JP Sinjou Compact Disc digital audio system[J]. PHILIPS TECH. REV, 1982, 40.

[13] Johnston, JD. Transform coding of audio signals using perceptual noise criteria[J]. Selected Areas in Communications, IEEE Journal on, 1988, 6(2).

[14] Blauert J. Spatial hearing : the psychophysics of human sound localization[M]. American: MIT Press, Cambridge MA, 1997.

[15] Noll P. MPEG digital audio coding[J]. Signal Processing Magazine, IEEE, 1997, 14(5).

[16] Rafael C Gonzalez, Richard E Woods. Digital Image Processing (3rd Edition)[M]. American: Addison-Wesley Pub, 2006.

[17] Wee Kheng Leow, Rui Li. Adaptive Binning and Dissimilarity Measure for Image Retrieval and Classification[C], Proc. IEEE CVPR 2001, 2.

[18] N Belkin, B Croft. Information filtering and information retrieval: two sides of the same coin?[J] Communications of the ACM, 1992, 35(2).

[19] Daniel R, Tauritz. Adaptive Information Filtering: concepts and algorithms[D]. Leiden University, 2002.

[20] U Hanani, B Shapira, P Shoval. Information Filtering: Overview of Issues, Research and Systems[J], User

Modeling and User-Adapted Interaction, 11 2001, (3).

[21] Hull, DA. The TREC-6 filtering track: Description and analysis[C]. The 6th Text Retrieval Conference (Trec-6), 1998.

[22] 陈桂林. 自动文摘中若干技术的研究[D], 上海: 上海交通大学, 2000.

[23] Michel, C. Diagnostic evaluation of a personalized filterinig information retrieval, system. Methodology and experimental results[C]. RIAO'2000 Conference Proceedings, 2000.

[24] Fabien A P Petitcolas, Ross J Anderson, Markus GKuhn. Information Hiding—A Survey[J]. Proceedings of the IEEE, special issue on protection of multimedia content, 1999, 87(7).

[25] P.Moulin, J A O'Sullivan. Information-theoretic analysis of information hiding[J], IEEE Trans. Inf. Theory, 2003, 49.

[26] Pierre Moulin, Ralf Koetter. Data-Hiding Codes[J]. Proceedings of the IEEE, 2005, 93.

[27] I J Cox, M L Miller, J A Bloom, Digital Watermarking[C]. CA: Morgan-Kaufmann, 2002.

[28] 孔祥维. 信息安全中的数字水印理论和方法研究[D]. 沈阳: 大连理工大学, 2003.

[29] 张新鹏. 数字水印安全性研究—理论研究以及在版权保护和隐蔽通信中的技术实现[D], 上海: 上海大学, 2004.

[30] 朱桂斌. 数字图像信息隐藏的理论与算法研究[D]. 重庆: 重庆大学, 2004.

[31] W Bender, D Gruhl, N Morimoto, A Lu. Techniques for data hiding[J]. IBM Systems Journal, 1996, 25.

[32] Chen B. Design and analysis of digital watermarking information embedding and data hiding sustems[J] Ph D Thesis, 2000.

[33] Hemandez J, Amado M, Perez-Gonzalez F. DCT-domain watermarking techniques for still images[J]. Detector performance analysis and a new structure, IEEE Trans, 2000, 9(1).

[34] Langelaar G C, Setyawan I, Lagendijk R L. Watermarking digital image and video data, A state-of-the-art overview[J], IEEE Signal Processing Magazine, 2000, 17(5).

[35] 叶登攀. 图像认证及视频数字水印的若干算法研究[D]. 南京理工大学, 2005.

[36] J P M G Linnartz, J C Talstra. MPEG PTY-marks: cheap detection of embedded copyright data in DVD-video[C]. In: Computer Security ESORICS 98, 5th European Symposium on Research in Computer Security, Louvain-la-Neuve, Belgium, Lecture Notes in Computer Science, 1998.

[37] Gwenael Doerr, Jean-Luc Dugelay. A guide tour of video watermarking[C]. In: Signal Processing: Image Communication, 2003.

[38] Frank Hartung, Bernd Girod. Watermarking of uncompressed and compressed video[J]. Signal Processing, 1998, 66(3).

[39] Terrence A Brooks. Web search: how the Web has changed information retrieval[J]. Information Research, 2003, 8(3).

[40] Xia Wan, C - C Jay Kuo. a new approach to image retrieval with multiresolution color clustering[J]. IEEE Transactions on Circuits and Systems for Video Technology, 1998, 8(5).

[41] Joo-Hwee Lim, Jesse S Jin. Combining intra-image and inter-class semantics for consumer image retrieval[J]. Pattern Recognition, 2005, 38(6).

[42] A W Smeulders, M. Worring, S Santini, A Gupta, R Jain. Content-Based Image Retrieval at the End of the Early Years[J]. IEEE Transactions on Pattern Analysis and Machine Intelligence, 2000, 22(12).

[43] H Tamura，S Mori，T Yamawaki. Texture Features Corresponding to Visual Perception[J]. IEEE Trans, 1978.

[44] Qian Du，Reza Nekovei. Implementation of real-time constrained linear discriminant analysis to remote sensing image classification[J]. Pattern Recognition, 2005, 38(4).

[45] A Vailaya, M Figueiredo，A K Jain, H J Zhang. Image classification for content-based indexing[J]. IEEE Trans, 2005, 10(1).

[46] A Ekin，AM Tekalp, R Mehrotra. Automatic Soccer Video Analysis and Summarization[J]. IEEE Trans，2003, 12(7).